Die Sprache
der Physik

Die Sprache der Physik

Aufsätze und Vorträge

von
Peter Mittelstaedt
o. Prof. für Theoretische Physik
an der Universität Köln

Bibliographisches Institut/Mannheim/Wien/Zürich
B.I.-Wissenschaftsverlag

Satz und Druck: Zechnersche Buchdruckerei, Speyer
Bindearbeit: Pilger-Druckerei, Speyer
Printed in Germany
ISBN 3-411-01410-5
A

INHALT

EINLEITUNG

Die in diesem Band zusammengefaßten Aufsätze und Vorträge sind in den Jahren von 1962 bis 1972 entstanden und befassen sich mit thematisch zum Teil weit auseinanderliegenden Problemen. Daß sie hier zusammen veröffentlicht werden, ist in dem allen Beiträgen gemeinsamen Bemühen begründet, eine bestimmte Form des Fragens auf die verschiedensten Gebiete der Physik anzuwenden. Da die Beiträge darüber hinaus alle bisher nur in schwer zugänglichen Zeitschriften und Einzelpublikationen erschienen sind, erscheint eine erneute zusammenfassende Veröffentlichung angebracht.

Im Gegensatz zu zahlreichen anderen Publikationen, die an philosophischen Problemen der Physik interessiert sind und die das von der heutigen Physik erarbeitete Weltbild darzustellen und zu interpretieren versuchen, befassen sich die vorliegenden Aufsätze und Vorträge erst in zweiter Linie mit diesem Thema. Der wichtigste Gegenstand sind vielmehr die sprachlichen Mittel, mit denen die wissenschaftliche Physik ihre Ergebnisse mitteilt. Dabei ist der Terminus „Sprache" in dem weitesten Sinne der Bedeutung dieses Wortes zu verstehen, der von der Umgangssprache bis zur formalen Kunstsprache und zur Mathematik reicht.

Die verschiedenen Untersuchungen sind entsprechend ihren Entstehungszeiten auf unterschiedlichen Reflexionsstufen durchgeführt. Die erste Gruppe enthält zwei Analysen der vorliegenden physikalischen Theorien mit dem Ziel, zu zeigen, was diese Theorien besagen, und zwar im Gegensatz zu der oft irreführenden Verwendung umgangssprachlicher Ausdrücke, die den nicht in die terminologischen Festsetzungen der Physik eingeweihten Leser zu völlig falschen Schlüssen hinsichtlich der Bedeutung und des Inhalts dieser Theorien verführen kann. So behandelt der erste Aufsatz die Frage, was unter „Natur", „Wirklichkeit" oder wie sonst man immer den Gegenstand der wissenschaftlichen Physik bezeichnet, eigentlich zu verstehen ist. Der zweite Beitrag untersucht die Frage, was im Sprachgebrauch der Relativitätstheorie unter dem Terminus „Zeit" zu verstehen ist, und zeigt, daß wesentliche Mißverständnisse dadurch hervorgerufen werden, daß man diesen Begriff mit dem umgangssprachlichen Begriff der Zeit verwechselt. Das sogenannte Uhrenparadoxon läßt sich so durch eine sorgfältige sprachliche Analyse weitgehend aufklären.

Die zweite Gruppe von Beiträgen (3, 4, 5) relativiert die Ergebnisse der ersten beiden Aufsätze insofern, als hier nach der Möglichkeit alternativer Formulierungen gefragt wird. Während in (1) und (2) Physik stets als eine Theorie beobachtbarer Größen verstanden wird und die dadurch bewirkte Beschränkung der Ausdrucksmittel dieser Wissenschaft untersucht wird, wird in dem Aufsatz (3) die Formulierung physikalischer Theorien mit Hilfe verborgener Parameter behandelt. In dem Vortrag (4) wird das Problem alternativer theoretischer Formulierungen in Hinblick auf einen möglichen Theorienpluralismus ganz allgemein und ohne Beschränkung auf verborgene Parameter diskutiert und ein wissenschaftstheoretischer Rahmen für die Frage des Theorienpluralismus angedeutet. In dem Vortrag Nr. 5 schließlich werden diese Überlegungen auf das konkrete Problem möglicher Alternativtheorien in verschiedenen gesellschaftlichen Situationen angewandt und die Grenzen eines gesellschaftlich induzierten Wissenschaftspluralismus angegeben. Diese Ergebnisse bilden ihrerseits die Grundlage für die in Aufsatz (6) durchgeführte Diskussion der Frage, innerhalb welcher Grenzen eine eigentliche historische Entwicklung der Physik möglich ist, und welche Einschränkungen hier durch den sachlichen Zusammenhang innerhalb dieser Wissenschaft vorgegeben sind.

Die dritte Gruppe versucht, die in den Beiträgen 3, 4 und 5 erarbeiteten Ergebnisse in systematischer Form im Rahmen einer wissenschaftstheoretischen Konzeption zu behandeln. Der Aufsatz Nr. 7, der „die Sprache der Physik" zum Gegenstand hat, gibt einen Überblick über die in der Physik möglichen formalsprachlichen Ausdrucksmittel sowie deren Syntax und Semantik. Durch Reflexion auf die jeweiligen Voraussetzungen bestimmter sprachlicher Strukturen werden diese Strukturen zugleich relativiert und die in ihnen enthaltenen konventionellen Momente von den empirisch notwendigen unterschieden. Dadurch wird es möglich, sowohl die Grenzen der Gültigkeit physikalischer Theorien anzugeben, als auch die Möglichkeiten eines Theorienpluralismus genau abzugrenzen.

Diese Überlegungen und Ergebnisse werden in dem 8. Aufsatz an einem besonders wichtigen Beispiel konkretisiert, nämlich an den logischen Strukturen derjenigen Sprachen, mit denen die Quantentheorie formuliert werden kann. Entsprechend den in der „Sprache der

Physik" erarbeiteten Gesichtspunkten wird nicht einfach unreflektiert die Logik einer bestimmten Wissenschaftssprache untersucht, sondern es werden die zum Teil konventionellen Voraussetzungen der verwendeten Wissenschaftssprachen in Beziehung gesetzt zu den zu diesen Sprachen gehörenden syntaktischen und insbesondere zu deren logischen Strukturen.

Um alle Beiträge jedenfalls durch geeignete Hinweise auf den heutigen Stand der Forschung zu bringen und die seit der Entstehung der einzelnen Aufsätze und Vorträge erschienene Literatur zu berücksichtigen, sind zur Ergänzung des Textes zahlreiche Fußnoten eingefügt worden. Dabei wurden insbesondere die Vorträge, die zum Teil ohne Literaturangaben erschienen sind, durch Literaturhinweise ergänzt. Andererseits wurden frühere Textanmerkungen, soweit sie sich auf die bei der Abfassung der Aufsätze aktuelle Situation bezogen, auf den heutigen Stand gebracht. Der eigentliche Text der verschiedenen Beiträge wurde jedoch nirgends geändert und ist in der ursprünglichen Form abgedruckt. Am Schluß des Buches wurde schließlich ein für alle Aufsätze und Vorträge gemeinsames Namensverzeichnis angefügt.

1. DER BEGRIFF DER NATUR IN DER MODERNEN PHYSIK[1]

Unsere Kenntnis von der Natur ist durch die Entwicklung der Physik seit Beginn dieses Jahrhunderts in einer bisher nicht gekannten Weise erweitert worden. Alle Bereiche der heutigen Technik legen Zeugnis ab von dem erfolgreichen Vordringen der physikalischen Forschung in Gebiete, die noch im 19. Jahrhundert fast völlig unbekannt waren. Die Physik der Atomkerne, mit ihren heute noch nicht zu übersehenden Auswirkungen auf sämtliche Bereiche unseres Lebens, ist wohl das markanteste Beispiel für diese Entwicklung.

Trotz dieser ungeheuren Zunahme unseres Wissens von der Wirklichkeit, ist die entscheidende Veränderung unseres heutigen Naturbildes gegenüber den Vorstellungen des 19. Jahrhunderts nicht darin zu sehen, daß wir heute mehr wissen und daß wir richtigere Vorstellungen von den verschiedenen Naturphänomenen haben, sondern daß das, was die heutige Physik Natur nennt, überhaupt nicht mehr mit dem identisch ist, was man seit dem Beginn der physikalischen Forschung im 16. Jahrhundert unter diesem Begriff verstand. Eine Veränderung des Begriffs der Natur bzw. des Begriffs der Physik als der Wissenschaft von der Natur ist zunächst aus verschiedenen Gründen heraus möglich. Es können dies rein philosophische Überlegungen sein, die eine Neufestsetzung gewisser Grundbegriffe zweckmäßig erscheinen lassen, oder es kann sich um eine Änderung des wissenschaftlichen Interesses handeln, was dann zu neuen Fragestellungen und neuen Begriffsbildungen führen würde. In diesen Fällen wären die Gründe für die Veränderungen des Naturbegriffs der heutigen Physik nicht in der Physik selbst, sondern außerhalb der Physik zu suchen.

Tatsächlich ist das jedoch nicht der Fall. Die Veränderungen, die der Begriff der Physik seit Beginn dieses Jahrhunderts erfahren hat, sind nicht aufgrund philosophischer Überlegungen, sondern ausschließlich aufgrund empirisch-physikalischer Tatsachen vorgenommen wor-

---

[1] Vortrag, gehalten im Rahmen der Universitäts-Vorträge des Saarländischen Rundfunks im Winterprogramm 1962/63. Erschienen in „Natur und Geist", einer Auswahl von Sendungen des Saarländischen Rundfunks, herausgegeben von Wilhelm Zilius, Vittorio Klostermann, Frankfurt am Main 1964.

den. Diese Veränderung erfolgte in zwei Schritten. Der erste führte zur Aufstellung der Relativitätstheorie, der zweite zur Quantentheorie. Die für die Aufstellung der Relativitätstheorie wesentlichen experimentellen Fakten wurden deutlich, als man sich erstmals mit Phänomenen befaßte, deren Geschwindigkeit mit der Geschwindigkeit des Lichtes vergleichbar ist. Die für die Quantentheorie entscheidenden Tatsachen traten zum Vorschein, als man sich mit den physikalischen Vorgängen in den Atomen und den Atomkernen befaßte. Die bei diesen Vorgängen umgesetzten Wirkungen sind nämlich von der Größenordnung des Planckschen Wirkungsquantums, einer universellen Naturkonstante, auf deren Bedeutung wir gleich noch eingehen werden.

Trotz dieser zunächst beschränkten Anwendungsgebiete der Relativitäts- und Quantentheorie beziehen sich die Ergebnisse dieser Theorien und insbesondere die Veränderungen, die diese Theorien an dem Begriff der Natur überhaupt vorgenommen haben, auf die gesamte Physik. Die Relativitätstheorie und die Quantentheorie gehören nämlich zu den grundlegenden Disziplinen innerhalb der Physik. Alle Phänomene, auch die der sogenannten klassischen Physik, die Vorgänge bei niedrigen Geschwindigkeiten und Körper von makroskopischen Dimensionen beschreibt, unterliegen letzten Endes der Relativitäts- und Quantentheorie. Das Naturbild, das von diesen beiden Theorien entworfen wird, darf daher als das für die Physik überhaupt relevante Naturbild angesehen werden.

Um die Veränderungen genauer zu diskutieren, die der Begriff der Natur, d.h. der Gegenstand der Physik und damit letztlich auch der Begriff der Physik selbst, seit der Entwicklung der Relativitäts- und Quantentheorie erfahren hat, sollen kurz einige wichtige experimentelle Tatsachen, die zu dieser Umbildung geführt haben, berichtet werden. Dabei soll uns hier weniger der genaue Inhalt dieser experimentellen Ergebnisse interessieren, als vielmehr die Bedeutung, die sie für das gesamte Gebäude der Physik erhalten haben. Es wird sich nämlich herausstellen, daß gewisse Naturkenntnisse weniger als spezielle Erfahrungsinhalte aufzufassen sind, sondern vielmehr als Bedingung der Möglichkeit physikalischer Erfahrungen überhaupt interpretiert werden müssen. Die Bewegung eines materiellen Körpers wird in der Mechanik dadurch beschrieben, daß man Gesetze angibt, aus denen sich der jeweilige Ort des betreffenden Körpers als Funktion der Zeit berechnen läßt. Raum und Zeit werden dabei in der klassischen

Mechanik im Sinne Newtons verstanden, der die Begriffe der absoluten Zeit und des absoluten Raumes in die Physik eingeführt hat. Damit ist gemeint, daß die Zeit eine Größe ist, die unabhängig von allen Veränderungen verläuft, und auf die alle Bewegungen von Körpern bezogen werden können. Ebenso ist mit dem Begriff des absoluten Raumes ein Bezugssystem gemeint, auf das alle Orte verschiedener Gegenstände bezogen werden können.

Der Begriff der absoluten Zeit bekommt aber erst dann einen physikalischen, nachprüfbaren Inhalt, wenn feststeht, wie die absolute Zeit experimentell bestimmt werden kann. Man kann dem Begriff der absoluten Zeit einen physikalisch realisierbaren Sinn geben, wenn man die Existenz starrer Körper voraussetzt. Mit ihrer Hilfe wäre es nämlich jederzeit möglich, die Uhren verschiedener Beobachter, auch wenn sie räumlich voneinander getrennt sind oder sich gegeneinander bewegen, zu synchronisieren. Diese so durch Uhrenvergleich hergestellte Zeit könnte man dann als die absolute Zeit bezeichnen und alle Vorgänge in ihrem zeitlichen Verhalten auf sie beziehen. Das gleiche Ergebnis würde man erhalten, wenn man die Synchronisierung mit Licht durchführt und voraussetzt, daß das Licht sich geradlinig und instantan durch den Raum ausbreitet[2].

An dieser Stelle setzt Einsteins Analyse des Zeitbegriffes ein. Sie geht davon aus, daß dieser Begriff der absoluten Zeit deshalb nicht brauchbar ist, weil es weder ideal starre Körper in der Natur gibt, noch Licht, das sich instantan ausbreitet. Denn in Wirklichkeit sind alle Körper elastisch und verformbar, und das Licht breitet sich mit einer sehr großen, aber endlichen Geschwindigkeit aus. Es ist infolgedessen ganz unzweckmäßig, den Gleichzeitigkeitsbegriff, wie ihn die klassische Mechanik verwendet, beizubehalten. An seine Stelle setzt Einstein daher eine neue Definition des Begriffes Gleichzeitigkeit, die von vornherein die materiellen Gegebenheiten mit in Betracht zieht. Für Ereignisse, die an gleichen Raumpunkten stattfinden, ist der klassische Begriff der Gleichzeitigkeit unproblematisch und wird daher auch bei Einstein beibehalten. Für Ereignisse, die an räumlich verschiedenen Punkten stattfinden, wird dagegen die Gleichzeitigkeit neu definiert, und zwar sollen Uhren grundsätzlich mit Hilfe von realen

---

2 Eine ausführliche Darstellung der Voraussetzungen, unter denen eine operative, auf Meßanordnungen beruhende Definition der absoluten Zeit möglich ist, findet sich in: P. Mittelstaedt, Klassische Mechanik, S. 22, Bibliographisches Institut, Mannheim 1970.

Lichtsignalen synchronisiert werden. Einstein hat genaue Versuchsanordnungen angegeben, die es gestatteten, von zwei Ereignissen jeweils zu entscheiden, ob sie im Sinne dieser Definition gleichzeitig stattfanden oder nicht.

Es mag zunächst willkürlich erscheinen, daß man zur Definition der Gleichzeitigkeit gerade Lichtsignale verwendet, die sich mit einer endlichen Geschwindigkeit ausbreiten, und nicht andere, evtl. schnellere Methoden der Signalübermittlung sucht. Die Entwicklung der Relativitätstheorie hat aber gezeigt, daß die Geschwindigkeit des Lichtes tatsächlich als eine Grenzgeschwindigkeit angesehen werden kann, die von der Geschwindigkeit keines möglichen Signales überschritten werden kann. Es ist daher durchaus sinnvoll, die Synchronisierung von Uhren durch Lichtsignale vorzunehmen.

Ganz ähnlich liegen die Verhältnisse in bezug auf die Messung von Ortskoordinaten ruhender und bewegter Körper. Auch hier hat eine eingehende Diskussion gezeigt, daß die Methode, die physikalisch die sinnvollste ist, zur Messung der Ortskoordinaten Lichtsignale verwendet. Das Licht ist damit als das am besten geeignete Meßinstrument anzusehen, um Raum und Zeitintervalle experimentell zu bestimmen.

Dadurch, daß die Begriffe Raum und Zeit auf Meßvorgänge zurückgeführt werden, die Licht verwenden, ist der Forderung Genüge getan, daß die grundlegenden Messungen mit Hilfe solcher Gegenstände vorgenommen werden, die tatsächlich in der Natur vorkommen. Allerdings werden jetzt die Eigenschaften der Begriffe Raum und Zeit in gewisser Hinsicht von den Gesetzen abhängen, nach denen die Ausbreitung des Lichts vor sich geht. Durch diese Verknüpfung der Messung von Raum und Zeit mit den Gesetzen des Lichtes erhält aber die Theorie eine gegenüber der klassischen Mechanik völlig neuartige Struktur. Die Mittel, mit denen die Natur erkannt wird, sind nichts anderes als Teile eben jener Natur. Die physikalischen Gesetze (etwa des Lichtes) sind zugleich die Gesetze der Meßgeräte und damit die physikalischen Bedingungen, unter denen überhaupt experimentelle Ergebnisse gewonnen werden können. Der Einfluß, den diese Gesetze von vornherein auf die Struktur der Meßergebnisse haben, muß in den Gesetzen, da sie zugleich für die Meßergebnisse selbst gelten, bereits enthalten sein.

Bei der Diskussion der klassischen Mechanik haben wir den Begriff der absoluten Zeit, der dieser Theorie zugrunde liegt, mit Hilfe von

Meßverfahren interpretiert, die die Existenz von starren Körpern oder instantanen Lichtsignalen voraussetzen. Es muß jedoch betont werden, daß diese Darstellung schon ganz die Denkweise zur Anwendung bringt, die überhaupt erst durch Einstein in die Physik eingeführt worden ist. Denn eine Reflexion auf die materiellen Bedingungen, unter denen eine experimentelle Realisierung der Begriffe Raum und Zeit überhaupt möglich ist, wurde von den Begründern der klassischen Mechanik an keiner Stelle durchgeführt. Sicherlich hätte eine solche Reflexion gewisse Zweifel an den Grundbegriffen der Mechanik wachgerufen, denn für die Existenz ideal starrer Körper gab es zu keiner Zeit glaubhafte Hinweise, und die Tatsache, daß das Licht sich nicht instantan ausbreitet, war durch die Messung der Lichtgeschwindigkeit durch Olaf Roemer auch experimentell sichergestellt worden.

Der Grund dafür, daß an der klassischen Mechanik keinerlei Zweifel wach wurden, ist vielmehr, daß die Notwendigkeit, physikalische Begriffe durch die Angabe von Meßverfahren zu definieren, vor Einstein überhaupt nicht gesehen worden ist. Physik wurde als Wissenschaft einer vom Beobachter unabhängigen Natur verstanden, die zwar ihre Erkenntnisse experimentell prüfen kann, aber durch diese Möglichkeit nicht in ihrer Struktur beeinflußt wird. Diese Auffassung von Physik bereitete auch solange keine Schwierigkeiten, als eine Beeinflussung der Meßresultate durch den Meßprozeß noch vernachlässigbar klein war gegenüber den Fehlern, die unabhängig davon bei der Messung auftraten. So spielte es jedenfalls für die Belange der Mechanik lange Zeit keine Rolle, daß die Lichtgeschwindigkeit nur etwa 300000 km/sec beträgt und nicht unendlich groß ist, da fast alle in der Mechanik auftretenden Geschwindigkeiten gegenüber diesen Werten als sehr klein angesehen werden können.

Die Situation änderte sich jedoch, als die Verfeinerung der Beobachtungstechnik besonders elektromagnetischer Vorgänge so weit gesteigert worden war, daß die realen Eigenschaften der Meßinstrumente nicht länger unberücksichtigt bleiben konnten. Die Gesetze der Meßinstrumente (also die Wellengleichung des Lichts) bekamen dadurch einen direkten Einfluß auf die Resultate der Messungen. Diese konnten daher auch nicht mehr als Aussagen über die unbeobachtete Natur interpretiert werden, da sie stets Bestandteile, die auf den Meßvorgang zurückzuführen sind, enthielten.

Die Physik war infolgedessen in bezug auf ihre Zielsetzung vor eine Alternative gestellt: Entweder Physik ist eine Wissenschaft der Natur an sich ohne Bezug auf die Möglichkeit der Beobachtung. Dann können die klassischen Begriffe Raum und Zeit beibehalten werden, die Aussagen der Theorie sind aber nicht mehr experimentell verifizierbar. – Oder aber Physik beschreibt die Natur, wie sie sich zeigt, wenn sie mit realen Maßstäben und Uhren untersucht wird. Dann muß sie ihre Begriffe dieser neuen Situation anpassen und wird dadurch eine Theorie, deren Behauptungen sich sämtlich auf experimentell realisierbare Vorgänge beziehen. In der vorrelativistischen Physik mußte eine derartige Entscheidung über die Aufgaben der Physik nicht getroffen werden, denn dort fielen die beiden möglichen Zielsetzungen noch zusammen. In der modernen Physik dagegen schließen sie sich aus.

Die Entscheidung darüber, welchen Weg die Physik einschlagen sollte, erfolgte eindeutig im Hinblick auf das Ziel, experimentelle Resultate beschreiben zu können. Seit Einstein ist daher die Physik eine Wissenschaft, die sich ausdrücklich als eine Theorie versteht, die die Natur beschreibt, wie sie sich zeigt, wenn sie mit realen Maßstäben und Uhren untersucht wird.

Ganz ähnliche Verhältnisse wie in der Relativitätstheorie treten – jedenfalls in methodischer Hinsicht – auch bei der Diskussion atomphysikalischer Phänomene und ihrer systematischen Behandlung im Rahmen der Quantentheorie auf. In der klassischen Mechanik wird das raumzeitliche Verhalten eines physikalischen Objekts dadurch beschrieben, daß man die Werte aller möglichen meßbaren Größen angibt. Die Mechanik hat nun gezeigt, daß es zu einer vollständigen Kenntnis des Zustandes, in dem sich ein Objekt befindet, keineswegs erforderlich ist, alle meßbaren Eigenschaften experimentell zu bestimmen, sondern daß der Zustand bereits durch die Angabe des Ortes und des Impulses eindeutig bestimmt ist. Die zeitlichen Änderungen sämtlicher meßbaren Eigenschaften lassen sich nämlich daraus bestimmen.

Der durch Ort und Impuls charakterisierte Zustand eines physikalischen Systems hätte streng genommen nur dann einen physikalischen Sinn, wenn festgestellt wäre, wie der Zustand experimentell ermittelt werden kann. Diese Frage ist im Rahmen der klassischen Mechanik ebenso wenig diskutiert worden, wie etwa das Problem der Messung von Raum und Zeit vor der Aufstellung der Relativitätstheorie. Eine mit den Prinzipien der Mechanik verträgliche Erklärung wäre wohl die idealisierende Annahme von Meßgeräten, deren Genauigkeit beliebig gesteigert werden kann und die zur Messung von Ort und Impuls geeignet sind. Die Ortsmessung könnte man sich z. B. mit Licht von hinreichend kurzer Wellenlänge ausgeführt denken. Gegen eine derartige Idealisierung ist im Rahmen der Mechanik insofern nichts einzuwenden, als in dieser Theorie keine Naturgesetze auftreten, die der Meßgenauigkeit eine objektive, vom Beobachter unabhängige obere Schranke setzen würden.

Die Situation ändert sich jedoch grundlegend, wenn man die nicht in der Mechanik enthaltenen Ergebnisse der Atomphysik beachtet, daß nämlich alle Materie aus kleinsten Bausteinen, den Elementarteilchen, aufgebaut ist und daß auch das elektromagnetische Strahlungsfeld eine solche quantenhafte Struktur besitzt. Besonders die letztere Entdeckung, die auf Planck und Einstein zurückgeht, ist für die weitere Entwicklung von entscheidender Bedeutung gewesen. Eine Lichtwelle, die aufgrund der Elektrodynamik durch ihre Frequenz charakterisiert werden kann, wird dabei in Beziehung gesetzt zu den Lichtquanten, den Photonen, denen man wie anderen Elementarteilchen eine Energie zuordnen kann. Der Zusammenhang dieser beiden Bestimmungsstücke ist dann der, daß die Energie des Photons gleich ist der Frequenz der Lichtwelle, multipliziert mit der Planckschen Konstanten. Diese Beziehung besagt, daß Licht einer bestimmten Frequenz mindestens die Energie haben muß, die sich aus der genannten Beziehung ergibt. Kleinere Einheiten des Lichts existieren nicht. Solange man von der Existenz der Planckschen Konstanten nichts wußte, konnte man dagegen annehmen, daß beliebig kleine Einheiten eines bestimmten Lichts vorkommen können.

Diese Erkenntnisse haben sehr weitreichende Folgen, wenn man sie in einer Diskussion des Meßprozesses für die Größen Ort und Impuls berücksichtigt. Als einfaches Beispiel soll die Ortsmessung an einem Elementarteilchen, etwa einem Elektron, mit Hilfe eines Mikroskops besprochen werden. Um den Ort eines Elektrons zu bestimmen, muß man Licht einer bestimmten Wellenlänge verwenden. Das Auflösungsvermögen eines Mikroskops ist aber um so größer, je kleiner die Wellenlänge des Lichtes ist. Je kleiner die Wellenlänge ist, um so genauer wird man also die Ortsmessung ausführen können.

Man sieht jedoch leicht, daß durch eine solche Messung die Kenntnis des Impulses, auch wenn dieser vor der Messung genau bekannt war, wenigstens teilweise verlorengeht. Denn die Messung muß mindestens mit einem Lichtquant durchgeführt werden. Dieses hat aber aufgrund der Quantenstruktur des Lichtes einen bestimmten Impuls, und dieser ist um so größer, je kleiner die Wellenlänge des verwendeten Lichtes ist. Das beobachtete Elektron erfährt daher durch das Lichtquant einen Rückstoß, der um so größer ist, je kleiner die Wellenlänge des Lichtes ist, und dessen Richtung nicht genau bekannt ist. Der Impuls des Elektrons erfährt daher eine in gewissen Grenzen unkontrollierbare Störung, die ihrerseits in Zusammenhang steht mit der Genauigkeit, mit der der Ort gemessen werden kann. Eine mathematische Formulierung dieses Sachverhaltes wird in der Heisenbergschen Unschärferelation gegeben. Sie besagt, daß das Produkt aus der Unschärfe des Ortes und der Unschärfe des Impulses bei jeder denkbaren Meßanordnung größer sein muß als die Plancksche Naturkonstante. Dadurch ist der Genauigkeit einer Orts- und Impulsmessung eine feste, von der jeweiligen Anordnung unabhängige Schranke gesetzt. Je genauer man den Ort kennt, um so ungenauer kennt man den Impuls, und umgekehrt.

An diesem Beispiel sieht man, wie die Unschärferelation für eine Orts- und Impulsmessung aufgrund der Quantennatur des Lichtes zustandekommt. Darüber hinaus hat aber eine genaue Untersuchung gezeigt, daß diese Beziehung auch dann gilt, wenn man die Messung nicht mit Licht, sondern mit irgendwelchen materiellen Teilchen durchführt. Denn ebenso, wie man einer Lichtwelle ein Teilchen, das Photon, zuordnen kann, kann man auch einem beliebigen Elementarteilchen eine sogenannte Materiewelle zuordnen. Diese Zusammenhänge wurden durch de Broglie erkannt und bildeten die Grundlage, auf der dann die allgemeine Quantentheorie materieller Teilchen entwickelt wurde.

Unter Benutzung dieser Wellennatur der Materie bzw. der Quantennatur des Lichtes konnte dann an einer großen Zahl von Gedankenexperimenten gezeigt werden, daß es nie möglich ist, genauer zu messen, als es die Unschärferelation erlaubt. Da Materie und Strahlung die einzigen in der Natur vorkommenden Realitäten sind, folgt daraus, daß es überhaupt unmöglich ist, Messungen auszuführen, bei denen man den Zustand eines physikalischen Systems genauer als in den durch die Unschärferelation festgelegten Grenzen bestimmen kann.

Dieser Umstand läßt es nun wiederum sinnvoll erscheinen – ähnlich wie in der Relativitätstheorie –, eine Theorie der atomaren Vorgänge gar nicht auf die Elektronen, Photonen, Atome usw. zu beziehen und jeweils die möglichen Schranken der Erkennbarkeit zu ermitteln, sondern die unbeobachteten und, wie wir wissen, unbeobachtbaren

Objekte ganz aus der Betrachtung auszuklammern und statt dessen die physikalische Theorie auf die Natur zu beziehen, wie sie sich uns zeigt, wenn sie mit realen Maßstäben untersucht wird. Diejenige Theorie, die das für den Bereich des atomaren Geschehens leistet, ist die Quantenmechanik. Ihre Aussagen beziehen sich auf die Ergebnisse von Messungen mit realen Meßgeräten an quantenphysikalischen Systemen. Innerhalb ihres Anwendungsbereiches ist diese Theorie durch die experimentellen Resultate in jeder Hinsicht bestätigt worden.

Die Quantentheorie beschreibt die Natur, wie sie sich zeigt, wenn sie mit realen Maßstäben untersucht wird. Diese Meßgeräte sind dabei selbst aus Elementarteilchen und elektromagnetischen Feldern aufgebaut, gehorchen also, nun als Objekte betrachtet, selbst den Gesetzen der Quantentheorie. Dadurch erhält die Quantentheorie in ihrem Aufbau eine zyklische Struktur, weshalb die Richtigkeit dieser Theorie nicht einfach durch Vergleich mit dem Experiment geprüft werden kann, sondern außerdem durch den Nachweis ihrer inneren Konsistenz bestätigt werden muß. Die gegenüber der klassischen Physik nur beschränkten Möglichkeiten experimenteller Kenntnisnahme über ein quantenmechanisches System sind im Aufbau der Quantenmechanik ausdrücklich berücksichtigt. Die Gründe für diese Beschränkung der Möglichkeiten der Erkenntnis sind in den physikalischen Gesetzen der Meßgeräte zu suchen. Diese Gesetze sind aber Bestandteile eben derselben Quantenmechanik. Die Quantentheorie wird daher erst dann eine mit ihren Voraussetzungen konsistente Theorie sein, wenn diese Voraussetzungen, die die Möglichkeit experimenteller Erfahrung festlegen, sich selbst aus einer Theorie des Meßprozesses im Rahmen des quantenmechanischen Formalismus herleiten lassen. Diese neuartige Struktur ist wiederum – ähnlich wie in der Relativitätstheorie – darauf zurückzuführen, daß experimentelle Untersuchungen nur mit Meßinstrumenten durchgeführt werden können, die selbst den Gesetzen der Physik – hier also der Quantentheorie – unterliegen.

Die beiden grundlegenden Theorien der modernen Physik, die Relativitätstheorie und die Quantentheorie, haben somit eine in mehrfacher Hinsicht ähnliche Struktur. Der Gegenstand dieser Theorien ist nicht die unbeobachtete Natur, sondern die Natur, wie sie erscheint, wenn sie mit den tatsächlichen in der Natur vorkommenden Gegenständen und Vorgängen untersucht und gemessen wird. Diese Meßgeräte gehorchen als physikalische Gegenstände selbst wieder den

Theorien, für die sie andererseits die experimentellen Vorbedingungen darstellen.

Diese Umbildung des begrifflichen Rahmens der Physik und damit ihres Gegenstands, der Natur, hat weitreichende Folgen. Denn jeder feste methodische Rahmen, durch den eine bestimmte Wissenschaft definiert ist, verwendet gewisse Kategorien, Begriffe und Schemata, um die Erscheinungen zu ordnen und zu interpretieren. Aus diesen Ordnungsschemata, durch die die Wahrnehmungen zunächst einmal interpretiert werden, folgen aber im allgemeinen schon ohne empirische Erkenntnis gewisse Eigenschaften, die allen Gegenständen der Erfahrung zukommen, und zwar a-priori. Im Rahmen der klassischen Physik gibt es zahlreiche Strukturen, die in dieser Weise a-priori für alle Gegenstände der klassischen Physik gelten, also für die Natur, die keinen Bezug nimmt auf die realen Möglichkeiten experimenteller Messung. Es sind dies die Struktur von Raum und Zeit, die euklidische Geometrie, das Kausalgesetz und die Logik. Bei einer Veränderung der begrifflichen Grundlagen der Physik, wie sie seit dem Beginn unseres Jahrhunderts erfolgt ist, besteht daher immer die Gefahr, daß einige von diesen Strukturen ihre Gültigkeit verlieren. Tatsächlich hat sich gezeigt, daß durch die Veränderungen des Naturbegriffs in der Relativitätstheorie die Struktur von Raum und Zeit und die euklidische Geometrie ungültig geworden sind. Die durch die Quantentheorie hervorgerufene Veränderung der begrifflichen Grundlagen der Physik hat dazu geführt, daß darüber hinaus das Kausalgesetz und gewisse Gesetze der Logik ihre Gültigkeit verloren haben[3].

---

[3] Die Veränderungen der genannten Strukturen wurden in der oben zitierten Vortragsreihe in einigen weiteren Vorträgen behandelt, die aber nicht im Druck erschienen sind. Eine ausführliche Darstellung findet sich in: P. MITTELSTAEDT, Philosophische Probleme der Modernen Physik, IV. Auflage, Bibliographisches Institut, Mannheim 1972.

2. DAS UHRENPARADOXON[1]

Das Uhrenparadoxon ist ein Phänomen, das vor etwa einem halben Jahrhundert von EINSTEIN entdeckt und erklärt wurde. Es besteht darin, daß für zwei Beobachter, die sich zu einem bestimmten Zeitpunkt am gleichen Ort befinden, dann verschiedene Reisen unternehmen und zu einem späteren Zeitpunkt wieder an einem Ort zusammentreffen, im allgemeinen verschiedene Zeitintervalle verstrichen sind. Daß dieses Phänomen als Paradoxon bezeichnet wurde, beruht auf einem falschen Verständnis der speziellen Relativitätstheorie. Bereits EINSTEIN hat diese Fragen vollständig geklärt und gezeigt, daß der verschiedene Gang zweier bewegter Uhren in voller Übereinstimmung mit den Gesetzen der speziellen Relativitätstheorie steht und ein Paradoxon in keinerlei Hinsicht vorliegt[2].

Daß dieses alte und vollständig aufgeklärte Problem in den letzten Jahren ein erneutes Interesse gewonnen hat, hat zwei Gründe: Einerseits bieten die technischen Möglichkeiten, die heute im Rahmen der Raumfahrtprojekte zur Verfügung stehen, wahrscheinlich sehr bald eine Gelegenheit, den verhältnismäßig kleinen Effekt der Zeitdilatation experimentell zu prüfen. Andererseits sind die alten, von EINSTEIN durchgeführten Überlegungen offenbar etwas der Vergessenheit anheimgefallen, so daß inzwischen eine große Zahl von irreführenden Darstellungen dieses Problems erscheinen konnte, die den einfachen physikalischen Hintergrund dieses Phänomens wieder ziemlich verwirrt haben[3].

---

[1] Zuerst veröffentlicht in „Sterne und Weltraum" (1964), S. 191. Die bei der Abfassung des Artikels aktuelle kontroverse Situation, zu deren Klärung dieser Aufsatz beitragen sollte, ist leider auch heute (1972) noch vorhanden. Vgl. hierzu die in Fußnote (3) genannte Literatur.

[2] Der Leser, der sich genauer über das Uhrenparadoxon informieren will, sei auf die ausführliche Darstellung dieses Problems in dem Buch von C. MØLLER, Theory of Relativity, Oxford 1952, hingewiesen. Eine kürzere und leichter lesbare Behandlung des Uhrenparadoxons, in der auch ein konkretes Beispiel durchgerechnet wird, findet sich in dem Aufsatz „Das Uhrenparadoxon" von M. BORN und W. BIEM, Proc. of the Ned. Acad. B 61, No 2, 1958.

[3] In den meisten Aufsätzen, in denen eine Auflösung des Uhrenparadoxons gefordert wird, wird nicht mit hinreichender Deutlichkeit gesagt, was operativ

Die Zeitmessung in Inertialsystemen

Um den physikalischen Inhalt des Uhrenparadoxons zu verstehen, muß man zurückgehen auf das Phänomen der Zeitdilatation in der speziellen Relativitätstheorie. Wir betrachten dazu ein Bezugssystem, d.h. einen Beobachter, der mit einer materiellen Basis – etwa einer Weltraumrakete – fest verbunden ist und der mit Maßstäben und Uhren ausgerüstet ist. Wir wollen weiter annehmen, daß in diesem Bezugssystem weder Gravitationskräfte wirksam sind[4] noch Trägheitskräfte auftreten, die von Beschleunigungen der Basis herrühren. Ein kräftefreier Probekörper wird dann in bezug auf diese Basis eine gleichförmige und geradlinige Bewegung ausführen, er wird also dem Galileischen Trägheitsgesetz gehorchen. Ein Bezugssystem, in dem das der Fall ist, bezeichnet man als Inertialsystem[5].

Die Erfahrung hat gezeigt, daß die physikalischen Gesetze in allen Inertialsystemen gleich lauten: Diese Tatsache, die man als Relativitätsprinzip bezeichnet, bildet die Grundlage der speziellen Relativitätstheorie. Im Rahmen dieser Theorie ist nun das folgende wichtige Phänomen entdeckt worden: Es seien zwei Inertialsysteme A und B gegeben, die sich mit einer Relativgeschwindigkeit v gegeneinander bewegen. In jedem der Bezugssysteme befinde sich weiterhin

---

unter dem Begriff der Zeit in beliebigen Bezugssystemen zu verstehen ist. Die gegen das Uhrenparadoxon vorgebrachten Argumente beruhen zum großen Teil auf einer Verwechslung des in beschleunigten Bezugssystemen verwendeten Zeitbegriffes mit dem speziellen, nur in Inertialsystemen sinnvollen Begriff der Zeit. Aus der großen Zahl von Veröffentlichungen seien hier erwähnt: H. Dingle, Nature **177**, 782 (1956); **178**, 680 (1956); **180**, 1275 (1957); H. Seitz, Sterne und Weltraum **3**, 38 (1963); M. Sachs, Physics Today, **24**, No. 9, 23 (1971).

4 Diese Voraussetzung, daß keine permanenten Gravitationsfelder vorhanden sind, wollen wir im folgenden stets machen. Sie bedeutet, daß das Raum-Zeit-Kontinuum flach ist, d.h. keine Krümmung aufweist. Die physikalische Theorie des flachen Raum-Zeit-Kontinuums ist die spezielle Relativitätstheorie. Alle im folgenden durchzuführenden Überlegungen zum Gang von bewegten Uhren spielen sich daher im Rahmen der speziellen Relativitätstheorie ab. Der unterschiedliche Gang verschieden bewegter Uhren ist ein Phänomen, das mit der allgemeinen Relativitätstheorie, d.h. der Theorie permanenter Gravitationsfelder, nichts zu tun hat.

5 Aus dieser Definition des Inertialsystems folgt im gravitationsfreien Raum, daß alle Inertialsysteme gleichförmig und geradlinig gegeneinander bewegt sind.

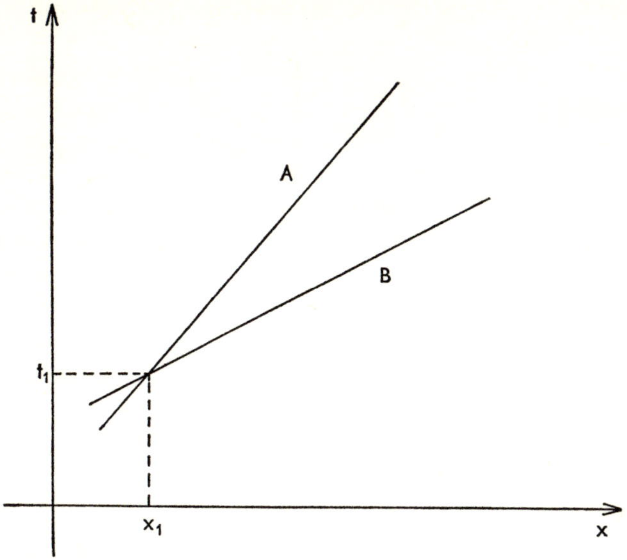

Bewegungsdiagramme der Inertialsysteme A und B, dargestellt in dem Koordinatensystem (x, t) eines dritten Inertialsystems C.

eine Uhr[6]. Der in A befindliche Beobachter macht dann die folgende Feststellung: Während auf seiner eigenen Uhr U_A ein Zeit-Intervall

$$\tau_A^{(A)} = t_2^{(A)} - t_1^{(A)}$$

abläuft, verfließt auf der Uhr U_B des Systems B die kürzere Zeit[7]

$$\tau_B^{(A)} = \tau_A^{(A)} \sqrt{1 - \frac{v^2}{c^2}}\,. \tag{1}$$

Ein in B befindlicher Beobachter stellt andererseits fest, daß die Uhr U_A langsamer geht als U_B. Während nämlich die Uhr U_B eine Zeitspanne

$$\tau_B^{(B)} = t_2^{(B)} - t_1^{(B)}$$

---

[6] Unter einer Uhr versteht man dabei einen materiell realisierbaren Vorgang, der auf Grund der in Inertialsystemen gültigen physikalischen Gesetze in der Zeit periodisch verläuft.

[7] Die Übermittlung der mit Uhren gemessenen Zeit von einem Bezugssystem auf das andere kann man sich mit Hilfe von Lichtsignalen ausgeführt denken.

durchläuft, vergeht auf der Uhr U_A das kürzere Zeitintervall

$$\tau_A^{(B)} = \tau_B^{(B)} \sqrt{1 - \frac{v^2}{c^2}} \, . \tag{2}$$

Jeder der beiden Beobachter A und B wird also behaupten, daß seine eigene Uhr schneller geht als die des anderen[8]. Dieses Ergebnis hört sich zunächst etwas paradox an. Man macht sich jedoch leicht klar, daß sich daraus niemals ein Widerspruch zu experimentellen Tatsachen ergeben kann. Sind nämlich die beiden Beobachter irgendwann einmal in einem Raumpunkt x_1 zusammengetroffen und haben dabei ihre Uhren direkt miteinander verglichen, so werden sie auf Grund der konstanten Relativgeschwindigkeit, die zwischen ihnen besteht, nie wieder an einem anderen Raumpunkt zusammentreffen (siehe Abbildung). Es wird sich daher auch niemals wieder eine Gelegenheit ergeben, in der die beiden Beobachter ihre Uhren direkt, d.h. am gleichen Ort, vergleichen können – wobei sich nach dem oben Gesagten theoretisch ein Widerspruch ergeben könnte.

Das sogenannte Uhrenparadoxon

Was aber geschieht, wenn man ein erneutes Zusammentreffen von A und B dadurch herbeiführt, daß man etwa die mit dem Bezugssystem B verbundene Rakete nach einer gewissen Flugzeit so beschleunigt – etwa durch Kursänderung –, daß die Bezugssysteme A und B noch einmal in einem Punkt x_2 zusammentreffen, wenn also das Bewegungsdiagramm der beiden Raketen die in der zweiten Abbildung dargestellte Gestalt hat? Welche Aussagen werden dann die beiden Beobachter über den Gang der Uhren U_A und U_B machen? Diese Frage ist deshalb wichtig, weil in diesem Fall die Beobachter A und B die Ergebnisse ihrer Zeitmessungen direkt im Punkt x_2 miteinander vergleichen können.

Betrachten wir zunächst, wie ein in A befindlicher Beobachter den Gang der Uhren U_A und U_B zwischen den beiden in x_1 und x_2 statt-

[8] Dieses Ergebnis steht in völligem Einklang mit dem oben erwähnten Relativitätsprinzip: Jeder der beiden Beobachter kann von sich behaupten, er ruhe und der andere bewege sich. Entsprechend kann jeder von seiner Uhr behaupten, sie ginge schneller als die des anderen.

findenden Koinzidenzen beschreibt. Für ihn hat sich wenig geändert. Da das System A keine Beschleunigungen erfährt, ist es nach wie vor ein Inertialsystem. Ein Beobachter in A wird daher mit vollem Recht die in Inertialsystemen gültigen physikalischen Gesetze anwenden. Für den Gang der Uhren U_A und U_B bedeutet das folgendes: Zwischen dem Zusammentreffen der beiden Beobachter in x_1 und x_2 verläuft auf der Uhr U_A die Zeit

(3) $$\tau_A^{(A)} = t_2^{(A)} - t_1^{(A)},$$

während auf der mit einer veränderlichen Relativgeschwindigkeit $v(t)$ bewegten Uhr U_B die kürzere Zeit

(4) $$\tau_B^{(A)} = \int_{t_1^{(A)}}^{t_2^{(A)}} \mathrm{d}t^{(A)} \sqrt{1 - \frac{v^2\,(t^{(A)})}{c^2}}$$

abläuft. Der einzige Unterschied gegenüber der oben verwendeten Gl (1) ist, daß die Relativgeschwindigkeit nicht mehr zeitlich konstant ist, da in der Rakete B Beschleunigungen vorkommen.

Das Produkt aus $\tau_A^{(A)}$ und $\sqrt{1 - \frac{v^2}{c^2}}$ in Gl (1) muß daher durch das Integral in Gl (4) ersetzt werden[9].

An dem numerischen Wert von $\tau_B^{(A)}$ wird das jedoch im allgemeinen wenig ändern. Insbesondere bleibt das wesentliche qualitative Ergebnis erhalten, daß nämlich $\tau_A^{(A)} > \tau_B^{(A)}$ ist, daß also die Uhr U_A schneller geht als die Uhr U_B. Wir erhalten also das Ergebnis, daß zwischen den beiden Treffpunkten für den in der Rakete B reisenden Beobachter weniger Zeit verstrichen ist als für den Beobachter A. Die Nutzanwendung dieser Überlegung auf die Weltraumfahrt besteht darin, daß ein Weltraumreisender, der eine längere Reise unternimmt,

---

[9] Die Berechtigung für die Anwendbarkeit der Gl. (4) auf das vorliegende Problem ergibt sich, wie erwähnt, aus der Tatsache, daß A ein Inertialsystem ist. Gl. (4) ist die *in* Inertialsystemen gültige Beziehung zur Beschreibung einer bewegten Uhr, wobei es vollkommen gleichgültig ist, wie diese Uhr bewegt ist. Wegen einer genauen Begründung dieser Behauptung vgl. die in Fußnote (11) angegebene Arbeit von H. Heintzmann und P. Mittelstaedt, Gl. (33).

die nach irdischen Maßstäben vielleicht 20 Jahre dauert, bei seiner Rückkehr selbst nur um einige Monate gealtert ist. Das genaue Verhältnis der beiden Zeiten hängt natürlich von der Geschwindigkeit der Reiserakete ab, wie man aus Gl (4) ersieht[10].

Gegen dieses, besonders in seinen möglichen Anwendungen etwas überraschende Resultat ist häufig das folgende, falsche Argument vorgebracht worden: „Angenommen, der Beobachter A stellt fest, daß $\tau_A^{(A)} > \tau_B^{(A)}$. Nach der speziellen Relativitätstheorie gibt es aber nur eine relative Bewegung zwischen den Systemen A und B, d.h., beide Beobachter sind völlig gleichberechtigt. Jeder kann von sich behaupten, er ruhe, und der andere sei in Bewegung. Aus Symmetriegründen muß daher auch der Beobachter B sagen dürfen, daß seine Uhr schneller geht als die von A, daß also $\tau_B^{(B)} > \tau_A^{(B)}$ ist. Man würde so zu zwei sich widersprechenden experimentellen Aussagen kommen. Der Widerspruch würde offenbar, wenn sich die beiden Beobachter A und B zum zweiten Male treffen und ihre Zeitmessungen miteinander vergleichen. Die einzige Möglichkeit, die Aussagen der Beobachter A und B zu vereinbaren, ist also die, daß die Uhren gleich schnell laufen und ein Gangunterschied der Uhren beim zweiten Zusammentreffen in x_2 gar nicht vorliegt. Denn die Behauptung, es läge ein Gangunterschied vor, würde auf Grund der Ergebnisse der speziellen Relativitätstheorie zu einem Widerspruch führen." –

Diese Argumentation, die zu der Bezeichnung Uhrenparadoxon geführt hat, ist aus folgendem Grunde falsch: Gleichberechtigt sind in der Relativitätstheorie nicht zwei beliebige Bezugssysteme, sondern nur zwei Inertialsysteme. Das System A entspricht zwar einem Inertialsystem, nicht aber die Rakete B, die Beschleunigungen erfahren muß, um überhaupt wieder mit A zusammenzutreffen. Die obige Symmetrieüberlegung ist daher falsch, und ein Paradoxon tritt gar nicht auf.

---

[10] Zahlreiche interessante Zahlenbeispiele zu diesem Problem findet man in „Meyers Handbuch über das Weltall", 3. Aufl. Mannheim 1964, S. 487ff. Man sollte jedoch unabhängig von der Richtigkeit dieser Rechnungen die Argumentation hinsichtlich realer Effekte, wie der Alterung von Personen, mit großer Vorsicht betrachten. Denn ob die physikalischen, chemischen und biologischen Vorgänge, die dem Alterungsprozeß entsprechen, Standard-Uhren im Sinne der Relativitätstheorie sind (vgl. hierzu die Erläuterung dieses Begriffes in dem Abschnitt „Die Zeitmessung in beschleunigten Bezugssystemen"), ist ganz ungewiß. Nur auf den Ablauf solcher Standard-Uhren beziehen sich aber die Aussagen der Relativitätstheorie.

Die Zeitmessung in beschleunigten Bezugssystemen[11]

Wir haben bisher stets angenommen, daß feststeht, was unter einer Uhr in dem beschleunigten Bezugssystem B zu verstehen sei. Insbesondere haben wir angenommen, daß zwar nach wie vor die Relativgeschwindigkeit v der Systeme A und B für den Gangunterschied der Uhren U_A und U_B maßgebend ist, daß aber die in B auftretenden Beschleunigungen keinen Einfluß auf den Gang der Uhr U_B haben

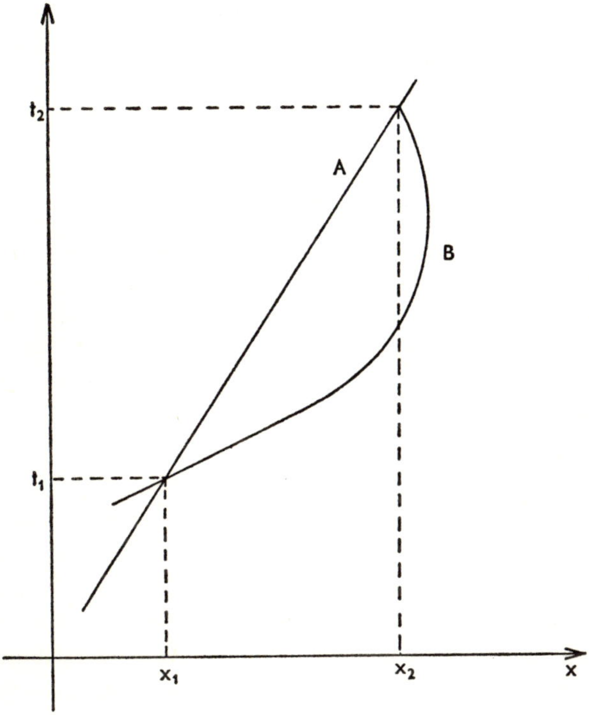

Bewegungsdiagramme des Inertialsystems A und des beschleunigten Bezugssystems B, dargestellt in den Koordinaten (x, t) eines Inertialsystems C.

dürfen. Das bedeutet, daß die Uhr U_B ideal stoßunempfindlich sein muß. Man wird zunächst bezweifeln, ob sich eine solche Uhr auch

[11] Eine ausführliche Darstellung der Physik beschleunigter Bezugssysteme, die besonders auf Meßvorgänge in solchen Systemen Bezug nimmt, findet sich in: H. Heintzmann und P. Mittelstaedt, „Physikalische Gesetze in beschleunigten Bezugssystemen", Springer Tracts in Modern Physics, **47** (1968), S. 185.

materiell realisieren läßt und ob nicht vielmehr jede Uhr gewisse Veränderungen ihres Ganges durch Beschleunigungen erfährt.

Es ist daher nicht überflüssig, wenn wir hier die Konstruktion einer ideal stoßunempfindlichen Uhr, der sogenannten Standard-Uhr, wenigstens im Prinzip angeben. Wir gehen dabei davon aus, daß feststeht, was eine Uhr in einem Inertialsystem ist (vgl. Fußnote 6). In einem beschleunigten Bezugssystem B soll unter einer Uhr dann die folgende experimentelle Anordnung verstanden werden: In einem Inertialsystem I_B, welches momentan relativ zu B in Ruhe ist, befinde sich eine Uhr U_I. Ein mit dieser Uhr gemessenes infinitesimales Zeitinterwall $d\tau_I$ wollen wir dann verwenden als Zeitelement $d\tau_B$ der Standard-Zeit in B.

Diese so definierte Uhr U_B erfüllt alle wesentlichen physikalischen Anforderungen, die man an eine Uhr stellen muß: Sie ist materiell realisierbar, denn der Bau einer Uhr, die in einem Inertialsystem funktioniert, stellt im Prinzip kein Problem dar; sie ist ideal stoßunempfindlich, da sich die eigentliche Uhr nach Definition in einem Inertialsystem befindet und dort keinen Stößen ausgesetzt ist; sie kann weiter ohne Schwierigkeiten im System B abgelesen werden, da die Uhr U_I relativ zu B in Ruhe ist. Schließlich ist in der Definition der Standard-Uhr der Spezialfall erhalten, daß keine Beschleunigungen vorliegen, daß also B ein Inertialsystem ist: Die Standard-Uhr ist dann identisch mit einer Uhr in einem Inertialsystem.

Man kann sich eine solche Standard-Uhr realisiert denken durch eine frei schwebende, im Augenblick der Ablesung relativ zu B ruhende Uhr. Wegen der veränderlichen Relativgeschwindigkeit zwischen I_B und B läßt sich ein ruhendes Inertialsystem jeweils nur in einem Zeitelement $d\tau_I$ realisieren, d.h., man muß zur Messung eines jeden Zeitelementes ein anderes – dann gerade ruhendes – Inertialsystem verwenden. Das bedeutet für die praktische Konstruktion der Standard-Uhr eine gewisse Schwierigkeit, für die prinzipiellen Überlegungen, die uns hier interessieren, ist es jedoch ohne Belang[12]. Wir wollen

[12] Man kann sich eine Standard-Uhr, die für ein endliches Zeitintervall brauchbar ist, etwa realisiert denken durch eine Uhr in einem festen Inertialsystem I°_B. Wegen der Beschleunigung von B wird I°_B gegenüber B jedoch – abgesehen von einem einzigen Zeitpunkt – eine von Null verschiedene Geschwindigkeit haben. Transformiert man aber die Angaben dieser so bewegten Uhr mit Hilfe einer Lorentztransformation auf Ruhe relativ zu B, so erhält man eine für das ganze Zeit-Intervall brauchbare Standard-Uhr. Wir wollen eine solche Uhr hier jedoch nicht verwenden.

daher stets annehmen, daß die Zeitangaben, die ein im System B befindlicher Beobachter macht, sich beziehen auf die Angaben einer Standard-Uhr.

Der Begriff der Eigenzeit

Diejenige Zeit, die ein Beobachter in seinem eigenen Bezugssystem, zu dem er immer in Ruhe ist, mißt, bezeichnet man als dessen Eigenzeit. Die Messung dieser Eigenzeit geschieht auf Grund der soeben gemachten Bemerkungen in Inertialsystemen mit gewöhnlichen Uhren, in beschleunigten Systemen mit Standard-Uhren. Alle Behauptungen über den Ablauf der Zeit in einem bestimmten Bezugssystem beziehen sich immer auf die so gemessenen Eigenzeiten. In diesem Sinne sind auch die oben gemachten Behauptungen des Beobachters A über den unterschiedlichen Gang der Uhren U_A und U_B zwischen den beiden Koinzidenzen in x_1 und x_2 zu verstehen: Zwischen dem ersten und dem zweiten Zusammentreffen ist für den Beobachter A ein Eigenzeit-Intervall der Größe $\tau_A^{(A)}$ verstrichen, während für den Beobachter B das kürzere Eigenzeit-Intervall $\tau_B^{(A)}$ vergangen ist.

Es ist physikalisch unmittelbar einleuchtend, daß diese Behauptung einen absoluten Sinn haben muß, d.h. nicht davon abhängen darf, welcher Beobachter sie macht. Wenn ein Beobachter S feststellt, daß zwischen zwei Ereignissen E_1 und E_2, die in seinem eigenen Bezugssystem stattfinden, ein Eigenzeit-Intervall der Länge $\tau_{12}^{(S)}$ verstrichen ist, so müssen auch alle übrigen Beobachter, die sich in anderen Bezugssystemen befinden, zu der Feststellung gelangen, daß für den Beobachter S zwischen den Ereignissen E_1 und E_2 ein Eigenzeit-Intervall $\tau_{12}^{(S)}$ liegt.

Für die in Inertialsystemen mit gewöhnlichen Uhren gemessenen Zeit-Intervalle ist das stets der Fall, d.h., die zwischen zwei Ereignissen gemessenen Eigenzeit-Intervalle haben einen absoluten Sinn. Das gleiche gilt für beschleunigte Systeme, wenn man dort die Eigenzeit mit Hilfe von Standard-Uhren mißt. Der Grund dafür ist, daß man zur Konstruktion einer Standard-Uhr nichts anderes braucht, als gewöhnliche Uhren in geeignet gewählten Inertialsystemen[13].

[13] Mathematisch bedeutet das, daß die Eigenzeiten, die entlang einer Weltlinie zwischen zwei Ereignissen gemessen werden, Invarianten sind, d.h. vom Bezugssystem unabhängige Größen darstellen. Wir können den Beweis dieser

Erst durch den Nachweis der Tatsache, daß die in einem beliebigen Bezugssystem mit Standard-Uhren gemessenen Eigenzeit-Intervalle stets einen absoluten Sinn haben, wird die Konsistenz der oben gemachten Aussagen über den Gang der Uhren U_A und U_B garantiert. Die Feststellung des Beobachters A, der sich in einem Inertialsystem befindet, bestand darin, daß zwischen den beiden Treffpunkten x_1 und x_2 für den Beobachter A das Eigenzeit-Intervall $\tau_A^{(A)}$ verfließt, für den mit der Geschwindigkeit $v(t)$ bewegten Beobachter B dagegen das kürzere Eigenzeit-Intervall $\tau_B^{(A)}$. Für beide Beobachter handelt es sich um die Bestimmung der Eigenzeit, die zwischen dem ersten und dem zweiten Zusammentreffen verflossen ist. In Gl (3) und (4) haben wir diese beiden Zeitintervalle berechnet in einem Koordinaten-System, das relativ zu A ruht und deshalb an die Zeitangaben $\tau_A^{(A)}$ und $\tau_B^{(A)}$ den Buchstaben (A) als oberen Index angefügt. Auf Grund des absoluten Charakters von Eigenzeit-Messungen ist das jedoch ganz überflüssig. Jeder andere, beliebig bewegte Beobachter käme zu genau dem gleichen Ergebnis wie der Beobachter A: Daß nämlich in A mehr Zeit verfließt als in B, daß also $\tau_A > \tau_B$ ist. Zu diesem Ergebnis kommt insbesondere auch der Beobachter B. Bei dem zweiten Zusammentreffen der Beobachter A und B in x_1 wird daher keinerlei Meinungsverschiedenheit über die seit dem letzten Treffen in x_2 in den beiden Bezugssystemen verflossenen Eigenzeit-Intervalle herrschen.

Wie beschreibt der Beobachter *B* die Situation?

Es besteht somit kein Zweifel, daß für die Beobachter A und B zwischen den beiden Treffpunkten verschieden große Zeit-Intervalle τ_A und τ_B verfließen und daß die beiden Beobachter über diese Tatsache einer Meinung sind. Wir haben jedoch noch nicht mit genügender Klarheit gezeigt, wie man denn eigentlich den Beobachter B davon abhalten kann, die oben erwähnten falschen Schlüsse zu ziehen, die zu dem sogenannten Uhrenparadoxon führen. Genauer gesagt: Warum kann der Beobachter B nicht die Formel (2) bzw. ihre Verallgemeinerung auf variable Geschwindigkeiten v verwenden und damit zu dem Ergebnis kommen, daß in dem mit der Geschwindigkeit v bewegten

---

wichtigen Tatsache hier nicht explizit vorführen. Der Leser findet Näheres darüber z.B. in dem oben zitierten Buch von C. Moller.

System A weniger Zeit verfließt als im System B? Die Antwort ist einfach: Weil das System B kein Inertialsystem ist und nur in Inertialsystemen die Formel (2) Gültigkeit besitzt. Daß das System B kein Inertialsystem ist, kann der in B befindliche Beobachter jederzeit durch Messung von Trägheitskräften nachweisen, indem er die Gültigkeit des Galileischen Trägheitsprinzips für einen Probekörper nachprüft.

Formeln, die den Gl (3) und (4) entsprechen und die in beschleunigten Bezugssystemen gelten, kann man dadurch erhalten, daß man die Gl (3) und (4) in ein Koordinatensystem transformiert, das relativ zu B ruht. Man erhält dann zwei Formeln für τ_A und τ_B, die wesentlich komplizierter sind als (3) und (4) und die nicht nur die Relativgeschwindigkeit v zwischen A und B enthalten, sondern auch die Beschleunigungen, denen das System B ausgesetzt ist. Wir wollen hier diese komplizierten Gleichungen nicht angeben, da man mit ihrer Hilfe natürlich nur das gleiche Ergebnis erhält wie mit den einfachen Gln (3) und (4)[14].

Qualitativ besagen diese in dem beschleunigten System B gültigen Formeln folgendes: Die Uhr U_B geht also um so langsamer, je größer die in B auftretenden Beschleunigungen sind. Am schnellsten verfließt die Zeit in einem Bezugssystem, in dem gar keine Trägheitskräfte auftreten, also in einem Inertialsystem. Die Uhr U_A dagegen geht um so langsamer, je größer die Relativgeschwindigkeit v der Systeme A und B ist (ähnlich wie in Gl (2)), wobei hier allerdings auch die Beschleunigung, der das System B ausgesetzt ist, eine gewisse Rolle spielt. Diese beiden Effekte wirken also gegeneinander: Die Beschleunigung bewirkt eine Verlangsamung der Uhr U_B, die Geschwindigkeit v eine Verlangsamung von U_A. Die genaue Rechnung zeigt dann, daß der durch die Beschleunigung bewirkte Verzögerungseffekt der Uhr U_B immer überwiegt und daß daher stets $\tau_A > \tau_B$ ist. Auch der Beobachter B kommt somit zu dem Ergebnis, daß zwischen den beiden Koinzidenzen in x_1 und x_2 im System A mehr Zeit verflossen ist als im System B.

Nur seine Deutung dieses Sachverhaltes weicht scheinbar ab von der Deutung, die A dem verschiedenen Gang der Uhren gibt. Während A nämlich – als Inertialsystem – die Relativgeschwindigkeit v als „Ursache“ für den Gangunterschied ansehen wird, wird B – als beschleunigtes System – neben der Geschwindigkeit v die verschieden

[14] Vgl. hierzu z.B. die in Fußnote (11) zitierte Arbeit von H. Heintzmann und P. Mittelstaedt, Gl. (49).

starken Trägheitskräfte in A und B für den ungleichen Gang der Uhren verantwortlich machen. Beide Erklärungen sind natürlich miteinander identisch, denn sie drücken denselben Sachverhalt nur in verschiedenen Koordinatensystemen aus.

Es ist zum Verständnis dieses Sachverhaltes wichtig, noch auf den folgenden Punkt hinzuweisen: Beschreibt man den Gang der Uhren U_A und U_B vom Inertialsystem A aus, so ist lediglich die Relativgeschwindigkeit v für das Nachgehen der Uhr U_B verantwortlich. Die Beschleunigung b der Bewegung spielt in den Formeln (3) und (4) überhaupt keine Rolle. Lediglich dann, wenn man in ein Bezugssystem geht, in dem B ruht, tritt in den Formeln für die Berechnung von τ_A und τ_B neben der Geschwindigkeit v auch die Beschleunigung b auf. Aber auch hier tritt b nicht auf, weil die Relativbewegung von A gegenüber B beschleunigt ist, sondern weil das Bezugssystem B, von dem aus die Beschreibung der Uhren U_A und U_B vorgenommen wird, kein Inertialsystem ist, sondern ein mit b beschleunigtes System[15]. Im Gegensatz zur Geschwindigkeit, die immer nur auf eine Relativbewegung bezogen werden kann, besitzt die Beschleunigung einen absoluten Charakter: Die Frage, ob ein Bezugssystem beschleunigt ist oder nicht, kann jederzeit durch Messung der auftretenden Trägheitskräfte in dem System selbst beantwortet werden.

[15] Eine weitgehend irreführende Darstellung dieses Sachverhaltes findet sich in dem Buch von V. Fock, „Raum, Zeit, Gravitation", Berlin 1960, S. 264ff. Dort wird behauptet, daß die Gl. (4) dann nicht mehr gültig sei, wenn die Relativbewegung von A und B beschleunigt ist. Zum Beweis dieser Behauptung wird dann die der Gl. (4) entsprechende Formel im beschleunigten System B angegeben, die auch tatsächlich die Beschleunigung enthält, aber nicht deshalb – wie Fock behauptet –, weil A sich beschleunigt gegen B bewegt, sondern weil B kein Inertialsystem ist.

3. VERBORGENE PARAMETER UND BEOBACHTBARE GRÖSSEN IN PHYSIKALISCHEN THEORIEN[1]

Einleitung

Die Begriffe „verborgene Parameter“ und „beobachtbare Größen“ spielen in den Diskussionen um die philosophischen Grundlagen der modernen Physik eine bedeutsame Rolle. Die Frage, wie diese beiden Begriffe sich in einen systematischen Aufbau der Physik einordnen lassen, ist bisher jedoch nicht befriedigend beantwortet worden. Man kann daher leicht den Eindruck gewinnen, daß die Existenz verborgener Parameter eine kontingente formale Eigentümlichkeit einiger Theorien ist, daß diesem Phänomen aber keine grundsätzliche Bedeutung zukommt.

Es soll im Folgenden versucht werden, im Rahmen einer begrifflichen Analyse der heutigen Physik zu untersuchen, wie sich verborgene Parameter und beobachtbare Größen in den Aufbau physikalischer Theorien einordnen lassen. Dabei wird sich zeigen, daß die Möglichkeit von Theorien mit verborgenen Parametern wesentlich mit der Struktur der modernen Physik verbunden ist.

I. Der systematische Aufbau der Physik

Bereits vor der wissenschaftlichen exakten Formulierung des Naturgeschehens im Rahmen physikalischer Theorien gibt es Erfahrung. Diese Erfahrung besitzt einen mehr oder weniger qualitativen Charakter und soll als vorwissenschaftliche Erfahrung bezeichnet werden. Damit sind Erfahrungen von der Art gemeint, daß es unterscheidbare diskrete Dinge gibt, daß diese Dinge Veränderungen unterliegen können, daß es Bewegung gibt usw. Dazu gehören auch die

[1] Vortrag gehalten auf dem „International Symposium on the Foundations of Physics“, Oberwolfach (Schwarzwald) Juli 1966. Im Druck erschienen in „Philosophia Naturalis“, X, 468 (1968).

Erfahrungen, daß es nahezu unveränderliche, starre Körper gibt, Steine z.B., und daß gewisse Gegenstände feste, stets wiedererkennbare Eigenschaften haben. – Dieses Erfahrungswissen ist nicht als voraussetzungsloses Wissen zu verstehen. Die Kantsche Einsicht, daß Erfahrung nur möglich ist, wenn das Mannigfaltige der Erscheinungen nach bestimmten Gesichtspunkten geordnet und interpretiert worden ist, soll hier als Hintergrund stets mitgedacht werden. Dieser kategoriale Rahmen wird zwar auf einen fest umrissenen Begriff von Erfahrung führen, der Dinge mit bestimmten allgemeinen Eigenschaften umfaßt, aber nicht auf eine wissenschaftlich formulierte Theorie der Natur. Wir wollen daher diese Erfahrung als vorwissenschaftlich bezeichnen.

Der Übergang zu einer Erfassung der Erfahrung in wissenschaftlichen Begriffen muß ausgehen von einer Definition dieser Begriffe. Unter Definition ist dabei aber keine verbale Definition zu verstehen, denn es sind noch keine Begriffe vorhanden, aus denen heraus man etwas definieren könnte. Anhaltspunkte, wie mathematische Begriffe, und um solche handelt es sich zunächst, definierbar sind, finden sich bereits bei KANT, der von diesen Begriffen sagt, daß man sie konstruieren müsse. Genauer gesagt, können diese Begriffe durch Konstruktionsverfahren definiert werden: Der Zahlbegriff durch den Zählvorgang von diskreten Dingen (deren Existenz hier gebraucht wird), der Begriff der Ebene etwa durch die DINGLERschen Abschleifverfahren (bei denen man die Existenz von Körpern voraussetzen muß, die man schleifen kann)[2].

Auf der Grundlage des vorwissenschaftlichen Erfahrungswissens, daß es diskrete Dinge und abschleifbare Körper gibt, kann man Konstruktionsverfahren für Zahlen und für die Elemente der Euklidischen Geometrie angeben. Die aus diesen Definitionen folgenden Sätze bilden dann den Gegenstand der Mathematik. Sätze, die sich so aus den operativen Definitionen einiger Grundbegriffe beweisen lassen, bezeichnen wir als a-priori wahr. Sie sind aber auch in voller Strenge anwendbar auf den bisher als vorwissenschaftlich bezeichneten Erfahrungsbereich. Denn in diesem Erfahrungsbereich sind genau die qualitativen Voraussetzungen erfüllt, die für die operative Definition der Grundbegriffe erforderlich sind. Die Arithmetik und die Euklidische Geometrie können daher als eine mathematisch-wissenschaft-

---

[2] Vgl. hierzu P. LORENZEN, Phil. Nat. VI, 415 (1961).

liche Erfahrung des vorwissenschaftlichen Erfahrungsbereichs angesehen werden.

Die Methoden der operativen Definition der Grundbegriffe sind nicht auf die Mathematik beschränkt. Sie reichen hinein bis in ein Gebiet, daß man üblicherweise als Mechanik bezeichnet[3]. Es ist dies derjenige Teil der Physik, in dem die Grundbegriffe, mit denen man Physik treibt, allererst definiert werden. Die operativen Definitionen, durch die Begriffe definiert werden, bezeichnet man in der Physik meist als Meßverfahren[4]. Ein Meßverfahren definiert also den Begriff, den man mit diesem Verfahren mißt[5].

Die aus den operativ definierten Begriffen notwendig folgenden Sätze bilden eine Rahmentheorie, die auf denjenigen Erfahrungsbereich, der der vorwissenschaftlichen Erfahrung zugrunde liegt, anwendbar ist und deren Sätze dort a-priori gelten. Man erhält so den a-priori gültigen Teil der klassischen Mechanik.

Bereits in der klassischen Mechanik tritt eine Struktur auf, die für alle physikalischen Theorien charakteristisch ist und die diese von den mathematischen Theorien einschließlich der Geometrie des realen Raumes unterscheidet: Neben den Begriffen und den notwendig gültigen Sätzen treten Erfahrungstatsachen auf. Im Gegensatz zu der oben erwähnten qualitativen vorwissenschaftlichen Erfahrung ist die

---

[3] Vgl. hierzu P. Lorenzen, in „Argumentationen", Festschrift für Josef König, Göttingen 1965, und in „Methodisches Denken", S. 142, Suhrkamp, Frankfurt 1968.

[4] Die operativen Definitionen der Grundbegriffe dürfen nicht als real auszuführende Konstruktionsvorschriften aufgefaßt werden. Es sind dies vielmehr Vorschriften, von denen man sich auf Grund der vorwissenschaftlichen Erfahrung vorstellen kann, daß sie jedenfalls im Prinzip mit beliebiger Genauigkeit ausgeführt werden können. Dieses ideale, materiell nie zu erreichende Ziel der Konstruktionsvorschrift ist gemeint, wenn man von einer operativen Definition spricht.

[5] Als Beispiel sei der Begriff der Zeit erwähnt. Ein beliebiger Vorgang, etwa die Bewegung eines Körpers, kann zur Definition einer topologischen Zeit dienen. Man setzt dabei voraus, daß es bewegte Körper gibt. Durch geeignete Festsetzungen kann man weiter zu einer metrischen Zeit übergehen und steht dann vor dem Problem, die jeweils durchlaufenden Zeitmarken – das Ticken der Uhr – auf andere Punkte des Raumes zu übertragen. Das ist jedenfalls im Prinzip möglich, wenn man wieder die Existenz ideal starrer Körper annimmt und sich mit ihnen die Übertragung durchgeführt denkt. Die so im ganzen Raum definierte Zeit bezeichnet man dann als die absolute Zeit. Vgl. hierzu die ausführliche Darstellung dieses Problems in: P. Mittelstaedt, Klassische Mechanik, S. 22, Bibliographisches Institut, Mannheim 1970.

hier gemeinte Erfahrung in den Grundbegriffen der Theorie formuliert. Wir wollen sie als die wissenschaftliche Erfahrung bezeichnen. Sie besteht aus exakten quantitativen Aussagen und ist in jedem Fall die bessere, genauere Erfahrung. Die einzelnen Erfahrungstatsachen beruhen auf quantitativen Messungen, nicht aber auf qualitativen Kenntnissen der menschlichen Umwelt.

Die wissenschaftliche Erfahrung von dieser Umwelt wird daher eine quantitative Präzisierung des vorwissenschaftlichen Wissens darstellen. Es besteht jedenfalls kein Grund zu der Annahme, daß die wissenschaftliche Erfahrung der vorwissenschaftlichen Erfahrung irgendwie widersprechen könnte. Sie wird diese vielmehr ergänzen und vervollständigen. In dem Maße, in dem sich der wissenschaftlich untersuchte Erfahrungsbereich von den Phänomenen der menschlichen Umwelt entfernt, wird aber auch die Gewißheit dafür abnehmen, daß wissenschaftliche und vorwissenschaftliche Erfahrung sich nicht widersprechen. Bei der wissenschaftlichen Erforschung von Phänomenen, die sich hinreichend stark von denen der menschlichen Umwelt unterscheiden – etwa bei kosmischen oder atomaren Phänomenen –, muß man also darauf gefaßt sein, daß die qualitativen Züge der wissenschaftlichen Erfahrung verschieden sind von denen des vorwissenschaftlichen Erfahrungsbereiches. Es hat sich gezeigt, daß ein derartiger Widerspruch tatsächlich bei kosmischen und atomaren Phänomenen auftritt. Für den systematischen Aufbau physikalischer Theorien hat das schwerwiegende Folgen.

II. Die Theorie des Meßprozesses

Eine physikalische Theorie, die aufgebaut ist auf operativ definierten Grundbegriffen und in der empirische Fakten verarbeitet sind, ist noch nicht als vollständig anzusehen. Sie muß noch ergänzt werden durch eine Theorie des Meßprozesses. Die Notwendigkeit einer solchen Ergänzung kann an dieser Stelle noch nicht einsichtig gemacht werden und soll weiter unten genauer begründet werden.

Eine Theorie macht Aussagen über empirische Sachverhalte, und die Konfrontation der Theorie mit der Erfahrung vollzieht sich in einem Vergleich der theoretisch vorausgesagten mit den empirisch festgestellten Tatsachen. Die Feststellung der empirischen Fakten geschieht durch die Messung der jeweils relevanten Größen, der

Observablen. Der Meßprozeß ist aber selbst ein physikalischer Vorgang, der als solcher mit Hilfe der physikalischen Theorie beschrieben werden kann. Um einen systematischen Aufbau physikalischer Theorien zu ermöglichen, wollen wir hier die folgende methodische Forderung aufstellen: Die Meßvorgänge, mit denen die Aussagen einer bestimmten Theorie empirisch überprüft werden können, sollen – als physikalische Vorgänge betrachtet – selbst mit Hilfe dieser Theorie beschreibbar sein. So sollen etwa die Gesetze der Mechanik mit Geräten überprüft werden, deren Verhalten im Rahmen der klassischen Mechanik beschrieben werden kann, nicht aber mit Hilfe von Radar-Messungen.

Ist die genannte methodische Forderung erfüllt, so ist die Theorie des Meßprozesses von Observablen ein Teil derjenigen Theorie, die das Verhalten der Observablen beschreibt. Sie wird hier angewandt auf diejenigen Vorgänge, die der Feststellung einer bestimmten Meßgröße dienen. Definiert man z.B. in der klassischen Mechanik die Zeit mit Hilfe einer kräftefreien geradlinigen Bewegung, so geschieht das auf Grund der im Rahmen der vorwissenschaftlichen Erfahrung naheliegenden Vermutung, daß es solche Bewegungen von Körpern auch gibt. Die Theorie des Meßprozesses dagegen verwendet die Gesetze der Mechanik, um diesen Vorgang zu beschreiben. Sie gelangt dabei nachträglich zu dem Ergebnis, daß jede kräftefreie Bewegung geradlinig ist, und daher als Uhr verwendet werden kann, und daß weiterhin die Bewegung gleichförmig verläuft. Das erste Ergebnis rechtfertigt die Vermutung, daß es kräftefreie geradlinige Bewegungen – also Uhren – überhaupt gibt. Das zweite zeigt, daß die Mechanik als vollständige Theorie konsistent ist mit den Voraussetzungen, die den Definitionen der Grundbegriffe – hier der Zeit – zugrunde liegen.

Dieses Resultat ist keineswegs selbstverständlich. Der Grund dafür erklärt zugleich die Notwendigkeit, in einer physikalischen Theorie die Theorie des Meßprozesses eigens zu untersuchen. Wie schon erwähnt, enthält eine physikalische Theorie neben a-priori gültigen Beziehungen empirische Elemente. Das aber hat zur Folge, daß keine Garantie mehr dafür besteht, daß die mit der vorwissenschaftlichen Erfahrung verträglichen Meßvorgänge, die zur operativen Definition der Grundbegriffe benötigt werden, auch kompatibel sind mit der wissenschaftlich formulierten Erfahrung, die sich in der vollständigen Theorie manifestiert[6].

[6] Auf Grund der in Absch. 1 gemachten Bemerkungen besteht eine solche Garantie nur solange, wie man sich mit der wissenschaftlichen Formulierung der unmittelbar menschlichen Umwelt befaßt.

Es könnte sein, daß die Meßvorgänge, die zur Definition der Grundbegriffe hypothetisch als möglich vorausgesetzt worden sind, auf Grund der in der Theorie verarbeiteten empirischen Tatsachen nicht mehr realisierbar sind. Es gibt daher zwei mögliche Situationen, denen man bei der Analyse des Meßvorganges im Rahmen einer physikalischen Theorie begegnen kann:

1. Diejenigen Meßvorgänge, die auf Grund der vorwissenschaftlichen Erfahrung möglich sind, sind auch möglich auf Grund der in der Theorie formulierten wissenschaftlichen Erfahrung. Die Theorie ist dann konsistent mit den zu ihrer empirischen Überprüfung notwendig vorauszusetzenden Meßvorschriften. Eine Theorie, die diese Eigenschaft der Selbst-Konsistenz besitzt in dem Sinne, daß die auf Grund der vorwissenschaftlichen Erfahrung möglichen Meßvorgänge auch möglich sind auf Grund der wissenschaftlichen Erfahrung, bezeichnen wir als eine klassische Theorie[7,8].

2. Die Meßvorgänge, die den Definitionen der Grundbegriffe zugrunde liegen, sind auf Grund der vollständigen wissenschaftlichen Erfahrung, die in der Theorie formuliert ist, nicht möglich. Ein realer Meßprozeß verläuft anders, als das auf Grund der vorwissenschaftlichen Erfahrung für den Meßvorgang angenommen werden konnte. In diesem Fall ist die Theorie mit ihren Voraussetzungen nicht konsistent.

Der Fall (1) ist z.B. in der klassischen Mechanik insofern realisiert, als man davon absieht, die Struktur der als starr vorausgesetzten Maßstäbe selbst physikalisch zu untersuchen. Der Fall (2) tritt auf in einigen Theorien der modernen Physik; der speziellen und allgemeinen

---

[7] Der Begriff „klassisch“ wird meist verwendet, um historisch zurückliegende Theorien, die formalästhetisch in besonders befriedigender Weise abgeschlossen worden sind, phänomenologisch zu kennzeichnen. Die hier verwendete Terminologie versucht, den Begriff „klassisch“ als eine systematische Kennzeichnung zu verstehen. Tatsächlich besitzen alle in historisch-ästhetischem Sinn klassischen Theorien die Eigenschaft, daß sich ihre Grundbegriffe operativ auf dem Grunde der vorwissenschaftlichen Erfahrung definieren lassen und daß sie im oben erklärten Sinne selbst-konsistent sind.

[8] Die theoretische Formulierung von Phänomenen, die der menschlichen Umwelt angehören, ist sicher eine „klassische“ Theorie. Nach unseren heutigen Kenntnissen sind aber auch *nur* die Theorien der makroskopischen, terrestrischen Umwelt klassisch. Sowohl die Theorien atomarer wie die kosmischer Phänomene besitzen diese Eigenschaften nicht.

Relativitätstheorie sowie der Quantenmechanik[9]. In Anlehnung an die oben eingeführte Terminologie wollen wir Theorien, die unter (2) fallen, als nicht-klassisch bezeichnen. – Während im Fall (1) der klassischen Theorien keine weitere Diskussion erforderlich ist, ist im Fall (2) eine sehr eingehende Untersuchung notwendig, um zu einer realisierbaren und zugleich widerspruchsfreien Theorie zu gelangen. Da bei nicht klassischen Theorien die operativ-apriorische Grundlage nicht kompatibel ist mit der Forderung empirischer Realisierbarkeit der Theorie, bieten sich zwei mögliche Wege an, eine nichtklassische Theorie in befriedigender Weise zu formulieren: Entweder man verzichtet auf die operativ-apriorische Grundlegung oder man verzichtet auf die durchgängige empirische Realisierbarkeit der Theorie. Beide Möglichkeiten sind diskutiert worden. Die erste führt auf Theorien beobachtbarer Größen, die zweite auf Theorien mit verborgenen Parametern.

Es könnte auf Grund der zuletzt gemachten Bemerkungen der Eindruck entstehen, als sei die Unmöglichkeit einer operativ-apriorischen Begründung der Physik auf die nicht-klassischen Theorien beschränkt, deren Phänomenbereich weit außerhalb der alltäglichen Erfahrung liegt. Die erwähnten Schwierigkeiten würden sich dann in Bereichen des Naturgeschehens abspielen, die die uns tatsächlich erfahrbaren Geschehnisse praktisch nicht tangieren. Das ist jedoch nicht der Fall. Denn von einem systematischen Gesichtspunkt aus stellen gerade die nichtklassischen Theorien die eigentliche Grundlage der Physik dar. Die Quantentheorie beschreibt nicht nur das atomare Geschehen und wird im Bereich der klassischen Mechanik falsch, sondern sie erfaßt das gesamte Naturgeschehen vom Atom bis zum makroskopischen Körper und enthält die klassische Mechanik als einen für große Quantenzahlen angenähert richtigen Spezialfall. Die Quantenmechanik ist also als die richtigere Theorie anzusehen, die auch für die Phänomene der klassischen Physik zuständig ist. – Ähnlich sind die Zusammenhänge zwischen der relativistischen und der klassischen Physik. Auch hier ist die relativistische Theorie die richtigere, für

[9] Die spezielle Relativitätstheorie behandelt Phänomene mit extrem hohen Geschwindigkeiten, die allgemeine solche von kosmischen Dimensionen und die Quantentheorie Phänomene in atomaren Dimensionen. Jeder dieser Fälle ist weit von der täglichen Umwelterfahrung des Menschen entfernt, so daß man von vornherein mit Diskrepanzen zwischen wissenschaftlicher und vorwissenschaftlicher Erfahrung rechnen mußte.

einen weiteren Phänomenkreis gültige Theorie, die aber im Grenzfall kleiner Geschwindigkeiten und schwacher Gravitationsfelder übergeht in die klassische Theorie. Diese ist also auch vom Gesichtspunkt der Relativitätstheorie nur als eine Näherung der wahren Theorie anzusehen.

Da somit die ganze Physik, einschließlich der klassischen Mechanik, auf nichtklassischen Theorien beruht, so ist auch die erkenntnistheoretische Problematik der nichtklassischen Theorien für die gesamte Physik relevant. Die im folgenden zu untersuchende Struktur von Theorien mit beobachtbaren Größen bzw. mit verborgenen Parametern betrifft also die gesamte uns heute bekannte Physik.

III. Theorien beobachtbarer Größen

Die erste Möglichkeit, eine physikalisch sinnvolle Theorie auch dann noch zu erhalten, wenn die zur Definition der Grundbegriffe verwendeten Meßvorgänge auf Grund der vollständigen Theorie materiell nicht realisierbar sind, besteht in dem Verzicht auf das operativ-apriorische Fundament der Theorie. Zumeist wird dieser Verzicht positiv als die methodische Forderung formuliert, daß die zu schaffende Theorie nur beobachtbare Größen enthalten soll. In dieser Form hat diese keineswegs notwendige Forderung eine wichtige Rolle bei der Entstehung der modernen Physik gespielt, und liegt sowohl der Relativitätstheorie als auch der Quantentheorie in ihren ursprünglichen Formulierungen zugrunde.

Die Schwierigkeit einer nichtklassischen Theorie besteht darin, daß die ursprünglich für die operativen Definitionen angenommenen Meßvorgänge auf Grund der vollständigen Theorie nicht realisierbar sind. Da man an den experimentell verifizierbaren Aussagen keine Änderungen vornehmen kann, liegt es nahe, auf diejenigen Grundbegriffe zu verzichten, zu deren operativer Definition unrealisierbare Vorgänge benötigt werden. Allerdings lassen sich diese Begriffe nicht einfach aus der Theorie eliminieren, sofern die Theorie nicht überhaupt redundante Elemente enthält, sondern sie müssen durch besser geeignete Begriffe ersetzt werden. Besser geeignet heißt in diesem Zusammenhang, daß die die Begriffe definierenden Meßvorgänge materiell realisierbar, also auf Grund der Theorie des Meßprozesses möglich sind. Man muß daher versuchen, mit real möglichen Vorgängen geeignete Begriffe operativ zu definieren, und diese dann einer Neuformulierung der gesamten Theorie zugrunde zu legen. Damit werden die ursprünglichen, nur auf der vorwissenschaftlichen Erfahrung aufbauenden Begriffe entbehrlich.

In den Theorien beobachtbarer Größen wird also an dem Konzept der operativen Definition der physikalischen Begriffe festgehalten, nur beziehen sich die definierenden Vorgänge nicht mehr auf die vorwissenschaftliche, sondern auf die vollständigere wissenschaftliche Erfahrung. Das hat die folgende wichtige Konsequenz: Derjenige Teil der Theorie, der in einer klassischen Theorie a-priori gilt, also aus den Definitionen der Grundgrößen folgt, fehlt hier völlig. Natürlich folgen auch hier aus den Definitionen der Grundgrößen bestimmte Gesetze, aber diese kennt man nicht, ehe man die Theorie mit Hilfe empirischer Fakten vollständig aufgebaut hat, sondern erst hinterher. Der Grund dafür ist, daß diejenigen Gesetze und Zusammenhänge, die sich direkt aus den definierenden Meßvorgängen der Grundgrößen ergeben, sich herleiten aus den physikalischen Gesetzen des Meßprozesses. Diese aber sind ein Teil der vollständigen Theorie.

Der Meßvorgang spielt also in einer solchen Theorie eine doppelte Rolle und kann unter zwei völlig verschiedenen Aspekten betrachtet werden: Als Meßprozeß definiert er operativ die Grundbegriffe und gehört damit methodisch nicht zur Theorie – als physikalischer Vorgang ist er selbst ein im Rahmen der Theorie beschreibbarer möglicher Vorgang. Das hat zur Folge, daß Theorien, die nur beobachtbare Größen enthalten, eine zyklische Struktur besitzen: Ein und derselbe Meßvorgang ist sowohl Voraussetzung als auch Ergebnis der Theorie. Diese oben als „Selbst-Konsistenz“ bezeichnete Eigenschaft muß also neben der formalen Richtigkeit in einer Theorie beobachtbarer Größen stets vorliegen.

Selbst-konsistente Theorien beobachtbarer Größen stellen eine sinnvolle Verallgemeinerung von klassischen Theorien dar, da diese in Hinblick auf die soeben besprochene Problematik triviale Spezialfälle sind. Die qualitativen Eigenschaften der wissenschaftlich formulierten Erfahrung stimmen in diesem Fall mit der vorwissenschaftlichen Erfahrung überein. Die vollständige Theorie enthält dann nur eine in wissenschaftlichen Begriffen formulierte quantitativ genauere Erfahrung, die jedoch in ihren qualitativen Zügen nicht von der vorwissenschaftlichen Erfahrung abweicht. Infolgedessen sind in diesem

Fall alle ursprünglich operativ definierten Grundbegriffe auf Grund der vollständigen wissenschaftlichen Erfahrung observabel.

Nichttriviale Beispiele für Theorien beobachtbarer Größen sind z.B. die spezielle und die allgemeine Relativitätstheorie in der Einsteinschen Formulierung, auf die hier etwas genauer eingegangen werden soll. In der speziellen Relativitätstheorie wird eine lorentzkovariante Formulierung der Mechanik und der Elektrodynamik angegeben. Dadurch sind insbesondere die Ausbreitungsvorgänge des Lichtes theoretisch erfaßt. In dieser Formulierung treten als Variable die Koordinaten des Ortes und der Zeit auf. Zu ihrer materiellen Realisierung müssen Meßverfahren angegeben werden, die im Rahmen der speziellen Relativitätstheorie beschrieben werden können.

Als das einfachste Meßgerät für Längen und Zeitintervalle kann das Licht dienen, dessen Ausbreitungsvorgänge im Rahmen der Elektrodynamik beschrieben werden können. Wie sich nun Raum- und Zeit-Intervalle bei einem Wechsel des Bezugssystems transformieren, folgt dann aus denjenigen Gesetzen, denen die Meßgeräte – hier das Licht – bei einem solchen Wechsel unterliegen. Definiert man also die Koordinaten x und t operativ mit Hilfe von Licht-Messungen, so folgen die Gesetze, denen x und t gehorchen, unmittelbar aus den Gesetzen der Lichtausbreitung.

Um eine Theorie beobachtbarer Größen zu erhalten, muß man nun diese operativ definierten Raum-Zeit Koordinaten der Formulierung der Theorie zugrunde legen. Die Selbst-Konsistenz[10] bedeutet dann, daß die aus der Theorie des Meßprozesses folgenden Eigenschaften von x und t übereinstimmen mit denjenigen Eigenschaften, die die Raum-Zeit Variablen in der zugrunde liegenden Theorie, hier der speziellen Relativitätstheorie, bereits zu Anfang hatten. Diese Selbst-Konsistenz ist in der speziellen Relativitätstheorie tatsächlich vorhanden. Das bedeutet, daß die in der Theorie auftretenden Raum-Zeit Variablen x und t sich interpretieren lassen als Raum- bzw. Zeit-Intervalle, die mit Hilfe von Lichtsignalen bestimmt worden sind.

---

[10] Der Terminus „Selbst-Konsistenz“ wurde hier im Anschluß an frühere Arbeiten des Autors (P. Mittelstaedt, Philosophische Probleme der modernen Physik, 2. Aufl. Mannheim 1966) gewählt. C.F. v. Weizsäcker hat kürzlich diese Eigenschaft als „semantische Konsistenz“ bezeichnet, um damit zum Ausdruck zu bringen, daß die Interpretation einer physikalischen Größe erst durch den Prozeß geliefert wird, mit dessen Hilfe man sie experimentell bestimmen kann (Phil. Nat. IX, 247 (1966)).

Die logisch-strukturellen Zusammenhänge der speziellen Relativitätstheorie sollen – für den Zeit-Begriff – durch das folgende Schema verdeutlicht werden.

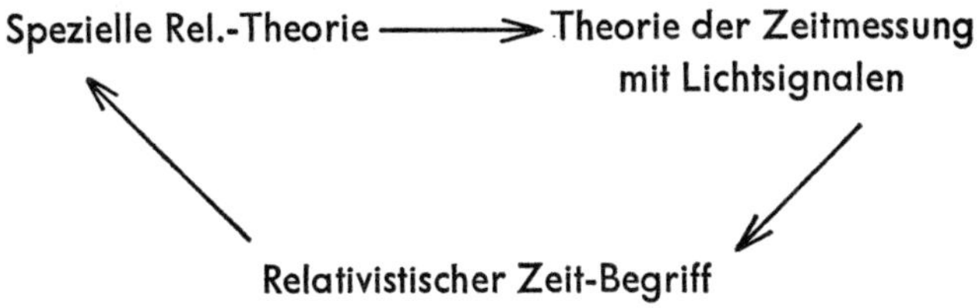

Der durch Lichtsignale operativ definierte Zeit-Begriff folgt einerseits aus der Theorie der Zeitmessung, d.h. aus der Ausbreitungsgleichung des Lichtes. Andererseits wird dieser Zeitbegriff der Formulierung der speziellen Relativitätstheorie zugrunde gelegt.

In der allgemeinen Relativitätstheorie wird in einem RIEMANNschen Raum eine kovariante Formulierung der Feldgleichung der Gravitation, des elektromagnetischen Feldes und der Bewegungsgleichungen von Massenpunkten angegeben. Damit ist insbesondere die Bewegung von Massenpunkten und Lichtstrahlen theoretisch erfaßt. – Der in dieser Theorie auftretende Tensor $g_{\mu\nu}$ und die damit berechenbaren Raum-Zeit-Intervalle bedürfen aber noch insofern der Interpretation, als Meßverfahren für diese Größen angegeben werden müssen. Erst dann kann man sinnvoller Weise $g_{\mu\nu}$ als einen „metrischen" Tensor des Raum-Zeit Kontinuums bezeichnen.

Die räumlichen und zeitlichen Abstände von Ereignissen lassen sich experimentell mit Hilfe von bewegten Massenpunkten und von Lichtstrahlen bestimmen[11]. Die genauen Eigenschaften, die die so bestimmten Daten besitzen, d.h. die Geometrie des Raum-Zeit Kontinuums folgt dann aber aus den Gesetzen, denen Lichtstrahlen bzw. Massenpunkte auf Grund der allgemeinen Relativitätstheorie gehorchen. Unabhängig davon, welche Werte für Raum und Zeit-Intervalle im einzelnen gemessen werden, ergibt sich so der RIEMANNsche Charakter der Metrik des Raum-Zeit Kontinuums.

Um eine Theorie beobachtbarer Größen zu erhalten, muß man nun diese operativ definierte RIEMANNsche Geometrie der Formulierung

[11] Vgl. F. MARZKE und J.A. WHEELER, in CHIU and HOFFMANN, „Gravitation and Relativity", W.A. Benjamin, New York 1964; W. KUNDT und B. HOFFMANN in: Recent developments in general relativity, S. 303. Warschau: PWN 1962.

der ganzen Theorie zugrunde legen. Selbstkonsistenz bedeutet hier, daß die Geometrie des ursprünglich zugrunde gelegten Raum-Zeit-Kontinuums übereinstimmt mit der Geometrie der operativ definierten Raum-Zeit Intervalle. Diese Selbst-Konsistenz ist hier vorhanden, weshalb sich der in der Theorie auftretende Tensor $g_{\mu\nu}$ als metrischer Tensor einer RIEMANNschen Raum-Zeit-Geometrie interpretieren läßt.

Diese Zusammenhänge lassen sich durch das folgende Schema darstellen.

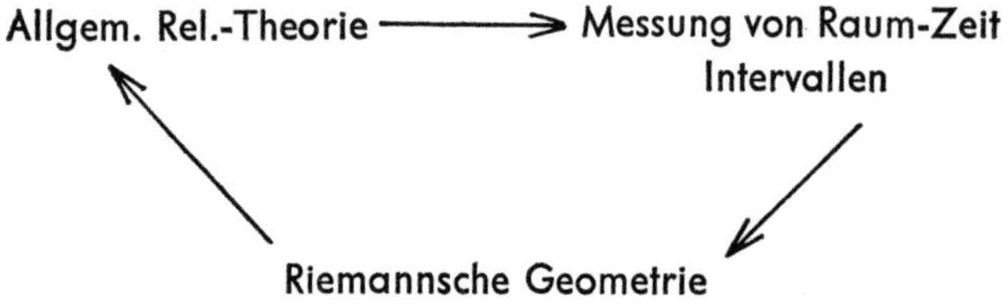

Der RIEMANNsche Charakter der Raum-Zeit-Geometrie folgt einerseits aus der Theorie der Raum-Zeit Messung mit Hilfe bewegter Massenpunkte und Lichtstrahlen, andererseits wird diese RIEMANNsche Geometrie der mathematischen Formulierung der allgemeinen Relativitätstheorie zugrunde gelegt.

IV. Theorien mit verborgenen Parametern

Die zweite Möglichkeit, nichtklassische Theorien in einer widerspruchsfreien Weise zu formulieren, besteht in dem Verzicht auf die durchgängige experimentelle Realisierbarkeit der Theorie. Dieser Verzicht ermöglicht es andererseits, die operativ-apriorische Grundlegung auch bei nichtklassischen Theorien beizubehalten.

Der Aufbau einer Theorie mit verborgenen Parametern vollzieht sich daher zunächst wie der einer klassischen Theorie. Die unmittelbar bekannte Umwelt wird als vorwissenschaftlicher Erfahrungsbereich angesehen, und aus der Kenntnis gewisser qualitativer Eigenschaften dieses Erfahrungsbereiches werden Meßverfahren angegeben, mit deren Hilfe die Grundbegriffe der Theorie operativ definiert werden können.

Mit diesen Grundbegriffen und weiterer hinzukommender Erfahrung wird dann eine Theorie aufgebaut, die als eine wissenschaftliche

Formulierung der Erfahrung angesehen werden kann. Der Gültigkeitsbereich einer solchen Theorie ist, wenn sie mit der nötigen Exaktheit formuliert ist und wenn die verwendeten experimentellen Ergebnisse von hinreichender Genauigkeit sind, praktisch unbegrenzt. Insbesondere wird der Anwendungsbereich einer derartigen Theorie weit hinausreichen über die Phänomene, die zur unmittelbaren Umwelterfahrung des Menschen gehören, d.h. über die Phänomene der vorwissenschaftlichen Erfahrung.

Wie in jeder Theorie, die auf operativ definierten Grundbegriffen aufbaut, wird es einige Sätze geben, die bereits auf Grund der Definitionen der Grundbegriffe gültig sind und die das operativ-apriorische Fundament der Theorie bilden. Die Schwierigkeiten, denen eine operative Grundlegung bei nicht-klassischen Theorien begegnet, bestehen darin, daß die a-priori gültigen Beziehungen im allgemeinen materiell nicht realisierbar sind. Es handelt sich dabei also um Naturgesetze, die zwar a-priori wahr, aber nicht anwendbar sind. Die logische Konsistenz einer Theorie wird aber offenbar nicht beeinträchtigt, wenn man die nicht anwendbaren Sätze einfach beibehält und die Frage der materiellen Realisierung zunächst gar nicht stellt. Von dieser Möglichkeit wird in Theorien mit verborgenen Parametern Gebrauch gemacht.

Abgesehen von der Frage der empirischen Realisierbarkeit wird aber eine Theorie, wie sie hier dargestellt worden ist, einen sehr großen Bereich von Phänomenen richtig erfassen. Es wird daher insbesondere möglich sein, mit Hilfe einer solchen Theorie Vorgänge zu beschreiben, die als Meßverfahren für bestimmte Größen verwendet werden können. Dadurch wird es möglich zu entscheiden, welche Behauptungen der Theorie empirisch verifiziert werden können und welche nicht. Die empirische Verifikation geschieht dann mit Vorgängen, die von der Theorie selbst beschrieben werden.

Man erhält auf diese Weise eine Theorie derjenigen Eigenschaften und Vorgänge, die mit Hilfe realer Prozesse tatsächlich gemessen werden können. Im Gegensatz zu dem operativ-apriorischen Fundament der Theorie handelt es sich hier um Sätze, die sämtlich materiell realisierbar sind. Die ursprünglich operativ definierten Grundbegriffe der Theorie treten dann in der Formulierung der Sätze der Theorie zwar noch auf, sind aber selbst nicht beobachtbar. Man bezeichnet sie als verborgene Parameter. Verborgene Parameter sind auf Grund der Theorie, zu deren Formulierung sie definiert wurden, in keinem möglichen Experiment beobachtbar. Bei der theoretischen Formulierung der Naturgesetze können sie trotzdem von Nutzen sein.

Eine Theorie mit verborgenen Parametern kann bei sinngemäßer Modifikation der Begriffe dazu verwendet werden, um ein neues, operativ-apriorisches Fundament der Theorie zu konstruieren, das auch empirisch verifizierbar ist. Zu diesem Zweck verwendet man denjenigen Teil der Theorie, der beobachtbare Vorgänge beschreibt, um einige qualitative Eigenschaften der empirischen Gegenstände zu bestimmen. Entsprechend dem Gültigkeitsbereich der Theorie werden diese qualitativen Eigenschaften der Erfahrung nicht etwa auf den Phänomenkreis der menschlichen Umwelt beschränkt sein, sondern alle Phänomene erfassen, die sinnvoll von der Theorie beschrieben werden können.

Man gelangt auf diese Weise in den Besitz eines qualitativen Erfahrungswissens, das nicht mit den Mängeln des vorwissenschaftlichen Erfahrungswissens behaftet ist, d. h. nur für einen beschränkten Bereich von Phänomenen relevant ist. Indem man nun die Theorie, die zu diesem qualitativen Erfahrungswissen geführt hat, aus der weiteren Betrachtung ausklammert, kommt man in eine Situation, die derjenigen ähnlich ist, die vor der Aufstellung einer wissenschaftlichen Theorie der Erfahrung vorlag. An Stelle der qualitativen vorwissenschaftlichen Erfahrung verfügt man aber jetzt über ein qualitatives Erfahrungswissen, das sich auf alle erfahrbaren Phänomene bezieht und daher im Zweifelsfalle richtiger ist als das primäre vorwissenschaftliche Wissen.

Wenn man nun dieses qualitative Erfahrungswissen als neues, sekundäres „vorwissenschaftliches" Wissen interpretiert, so kann man auf dieser Grundlage Konstruktionsvorschriften und Meßvorgänge angeben und mit ihnen neue Grundbegriffe operativ definieren. Auf Grund der operativen Definitionen wird es dann wieder einige Sätze geben, die „a-priori" gültig sind. Man erhält so ein System von Sätzen, das als a-priorisches Fundament für den weiteren Ausbau der Theorie verwendet werden kann.

Im Gegensatz zu den a-priorischen Sätzen, die auf den Definitionen im Rahmen des primären vorwissenschaftlichen Wissens beruhen, sind die auf dem sekundären vorwissenschaftlichen Wissen basierenden a-priori Sätze aber stets empirisch verifizierbar. Neben die primär-apriorischen Theorien, wie sie uns aus der klassischen Physik bekannt sind, treten auf diese Weise sekundär-apriorische Theorien, die auch in denjenigen Bereichen der Wirklichkeit empirisch verifizierbar sind, die nicht mehr zur primären menschlichen Umwelterfahrung gehören.

Es sollen hier zur Erläuterung zwei Theorien besprochen werden, die verborgene Parameter enthalten und auf deren Grundlage sich sekundär-apriorische Theorien aufbauen lassen. Die physikalischen Theorien sind die Quantentheorie in der HEISENBERGschen Formulierung und die Gravitationstheorie im flachen Raum. Die dazu gehörigen sekundär-apriorischen Theorien sind die Quantenlogik und die RIEMANNsche Geometrie des realen Raumes. Zum Verständnis dieser beiden Beispiele ist jedoch noch die folgende grundsätzliche Bemerkung wichtig.

Eine physikalische Theorie ist im allgemeinen auf verschiedenen, voneinander unabhängigen primär-apriorischen Sätzen bzw. Theorien aufgebaut. So gehören etwa die klassische Logik, die Arithmetik, die Euklidische Geometrie und das Kausalgesetz zu den primär-apriorischen Voraussetzungen physikalischer Theorien. Es ist nun aber keineswegs erforderlich, diese primär-apriorischen Voraussetzungen bei der Formulierung einer nicht-klassischen Theorie in gleicher Weise zu behandeln. Eine Theorie kann in bezug auf eine der Voraussetzungen eine Theorie beobachtbarer Größen sein, in bezug auf eine andere der primär-apriorischen Voraussetzungen eine Theorie verborgener Parameter darstellen.

Ein Beispiel für eine solche ungleiche Behandlungsweise ist die Quantentheorie in der HEISENBERGschen Formulierung. In Hinblick auf das Kausalgesetz ist diese Theorie eine Theorie beobachtbarer Größen. Es gibt keine kausalen Parameter. In bezug auf die Logik ist sie jedoch eine Theorie verborgener Parameter, da sich an der vollständigen Theorie zeigt, daß einige der vorausgesetzten logischen Sätze empirisch nicht verifizierbar sind[12].

Der Aufbau der Quantentheorie bzw. der Quantenlogik und der Gravitationstheorie bzw. der RIEMANNschen Geometrie läßt sich dann in der folgenden Weise darstellen (vgl. Abb. 1). Auf der Grundlage des primären vorwissenschaftlichen Wissens lassen sich die all-

[12] Obwohl sachlich gegen diese Bemerkung über Quantenlogik nichts einzuwenden ist, erscheint sie mir jedoch insofern bedenklich zu sein, als sie wegen ihrer Kürze das komplexe Problem alternativer Formulierungen der Quantentheorie nicht adäquat erfaßt und daher zu Irrtümern Anlaß geben könnte. Eine ausführliche Darstellung dieses Problems findet sich in dem in diesem Buch abgedruckten Aufsatz: „Objektivierbarkeit, Quantenlogik und Wahrscheinlichkeit.“

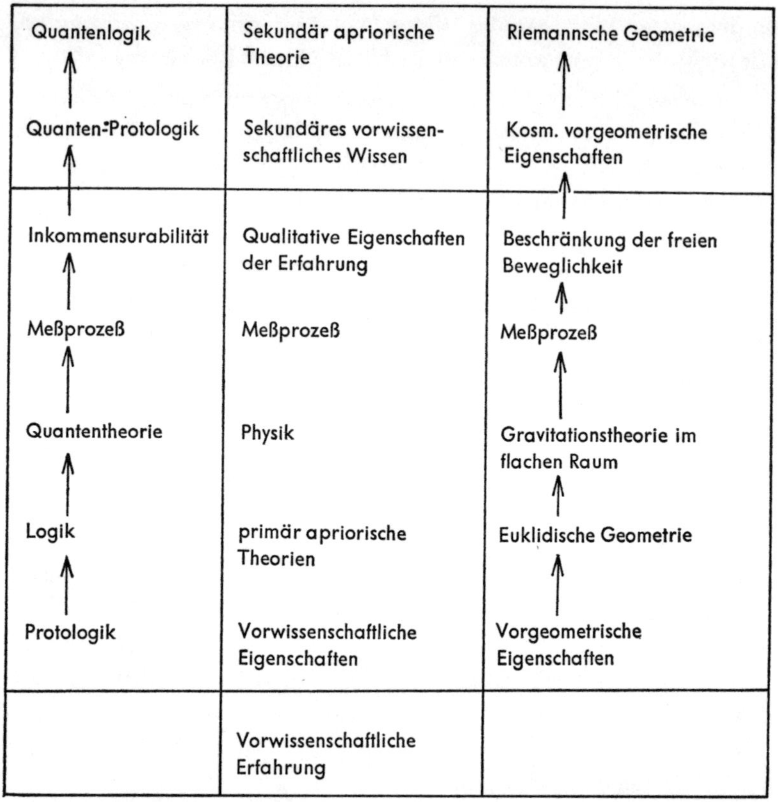

Abb. 1: Schematischer Aufbau von Theorien mit verborgenen Parametern und den dadurch möglichen sekundär-apriorischen Theorien

gemeinen Eigenschaften von Aussagen (die Protologik) und die vorgeometrischen Eigenschaften von Körpern (die freie Beweglichkeit endlicher Körper) bestimmen. Mit Hilfe operativer Definitionen erhält man dann die a-priori gültige operative Logik[13] und die Euklidische Geometrie[14]. Durch Hinzunahme von experimentellen Daten können auf diesen a-priori gültigen Rahmentheorien physikalische Theorien aufgebaut werden. Wir denken hierbei insbesondere an die Quantentheorie (in der Heisenbergschen Formulierung) und an die Theorie der Gravitation, und zwar in der lorentz-kovarianten Formulierung[15]. Im Rahmen dieser physikalischen Theorien können Prozesse

[13] Vgl. hierzu P. Lorenzen, Metamathematik, Mannheim 1962.
[14] P. Lorenzen, Phil. Nat. VI, 415 (1961).
[15] Vgl. hierzu W. Thirring, Ann. of Phys. 16, 96 (1961).

angegeben werden, die als Meßprozesse für physikalische Observable verwendet werden können[16]. Damit gelangen wir zu einer Theorie, die empirisch verifizierbare Aussagen enthält. In der Quantentheorie wird man so zu einer Theorie quantenmechanischer Observablen geführt, in der Gravitationstheorie zur Theorie des Führungsfeldes.

Aus diesen Theorien lassen sich nun ohne weiteres einige allgemeine, mehr qualitative Eigenschaften des betreffenden Erfahrungsbereiches angeben, die dann dem sekundären vorwissenschaftlichen Wissen entsprechen. Im Fall der Quantentheorie ist das die Inkommensurabilität von Meßaussagen, in der Theorie des Führungsfeldes ist es die Einschränkung, daß nur noch hinreichend kleine Körper frei beweglich sind.

Faßt man noch die Kenntnis dieser qualitativen Eigenschaften als neues sekundäres vorwissenschaftliches Wissen auf, so lassen sich auf dieser Grundlage wieder allgemeine Eigenschaften von Aussagen über quantenmechanische Eigenschaften angeben (Quanten-Protologik und vorgeometrische Eigenschaften von Körpern). Durch operative Definitionen gelangt man von hier aus zu den sekundär-apriorischen Theorien der Quantenlogik und der Riemannschen Geometrie. Beide Theorien

	Theorie beobachtbarer Größen	Theorie verborgener Parameter	Sekundär-apriorische Theorie
Spezielle Relativitätstheorie	Einsteins Formulierung	——	——
Gravitationstheorie	Allgemeine Relativitätstheorie (Einstein)	Gravitationstheorie im flachen Raum	Riemannsche Geometrie
Quantentheorie (bez. Kausalität)	Heisenbergsche Quantentheorie	Bohmsche Formulierung der Quantentheorie	Quantenmechanisches Kausalgesetz
Quantentheorie (bez. Logik)	——	Heisenbergsche Quantentheorie	Quantenlogik

Abb. 2: Zusammenfassende Übersicht über die Theorien der modernen Physik

[16] P. Mittelstaedt, Philosophische Probleme der modernen Physik, 4. Aufl. Mannheim 1972, S. 45ff. und S. 99ff.

sind empirisch verifizierbar und verbinden unmittelbar Aussagen über empirische Sachverhalte.

Die in der modernen Physik (seit der Aufstellung der Relativitätstheorie [1905]) entwickelten grundlegenden physikalischen Theorien sind wegen der in Abschn. II erwähnten Schwierigkeiten bei der Messung sämtlich nichtklassische Theorien. Sie lassen sich also entweder als Theorien beobachtbarer Größen formulieren oder als Theorien mit verborgenen Parametern. An die Theorien mit verborgenen Parametern lassen sich die sekundär-apriorischen Theorien anschließen, die empirisch verifizierbare Sätze enthalten und einen sinnvollen Ersatz darstellen für die primär-apriorischen Theorien, deren Sätze verborgene Parameter enthalten und daher empirisch nicht verifizierbar sind.

In der vorstehenden Tabelle sind die verschiedenen bekannten Formulierungen der Quantentheorie, der speziellen Relativitätstheorie und der Gravitationstheorie zusammengestellt. Weiter sind die dadurch möglichen sekundär-apriorischen Theorien angegeben. Die Quantentheorie tritt in diesem Schema zweimal auf, weil sie einmal in bezug auf die Logik, einmal in bezug auf das Kausalgesetz verborgene Parameter enthält.

4. DER THEORIENPLURALISMUS IN DER PHYSIK[1]

I. Einleitung – Problemstellung für die Physik

Eine Theorie, die einen Teilbereich der Physik erfaßt und die den heute üblichen Ansprüchen gerecht wird, muß wenigstens die folgenden zwei Forderungen erfüllen: Die Theorie muß exakt sein, und sie muß empirisch richtig sein. Damit ist nicht gemeint, daß alle zur Zeit diskutierten physikalischen Theorien diesen Ansprüchen genügen – das ist vielmehr nur bei einigen, allerdings sehr wichtigen Theorien der Fall. Im heutigen Selbstverständnis der Physik ist es jedoch das Ziel und die Aufgabe dieser Wissenschaft, Theorien zu formulieren, die den genannten Ansprüchen gerecht werden. Es soll daher in den folgenden Überlegungen stets vorausgesetzt werden, daß die untersuchten Theorien sowohl exakt als auch empirisch richtig sind.

Diese beiden Begriffe bedürfen einiger Erläuterungen. Eine Theorie soll als exakt bezeichnet werden, wenn die in der Theorie verwendeten Grundbegriffe so scharf definiert sind, daß aus diesen Definitionen und einigen zusätzlichen, aus der Erfahrung stammenden Prämissen die Sätze der Theorie in Strenge hergeleitet werden können. Die Definition der Grundbegriffe der Physik erfolgt dabei operativ durch einen Vorgang, den man auch als Meßvorgang für den zu definierenden Begriff bezeichnet. Da die verwendeten Meßvorgänge quantitativ angelegt sind, sind die so definierten Begriffe quantitativ faßbar. Aus diesen Voraussetzungen ergibt sich die Möglichkeit einer mathematischen Physik, die sich zur Herleitung ihrer Resultate mathematischer Kalküle bedient. – Die empirische Richtigkeit der Theorie besteht

---

[1] Vortrag, gehalten auf dem 6. wissenschaftstheoretischen Kolloquium des philosophischen Instituts der Universität Düsseldorf am 29. und 30. Mai 1970. Im Druck erschienen in: Der Methoden – und Theorienpluralismus in den Wissenschaften, Hrsg. A. Diemer, Verlag Anton Hain, Meisenheim am Glan 1971.

darin, daß alle auf die Erfahrung bezogenen Sätze der Theorie auch mit den durch Messungen gewonnen empirischen Resultaten übereinstimmen, und zwar um so genauer, je genauer die Rechnungen der Theorie bzw. die experimentellen Messungen durchgeführt werden. Was dabei im einzelnen unter Sätzen einer Theorie zu verstehen ist, die sich auf die Erfahrung beziehen, soll später genauer erklärt werden.

Eine Theorie, die in dem eben erläuterten Sinne exakt und empirisch richtig ist, ermöglicht es, einen *Begründungszusammenhang* zwischen den Sätzen der Theorie und damit auch zwischen verschiedenen empirischen Phänomenen herzustellen. Konkret bedeutet das, daß sich komplizierte Vorgänge mit Hilfe einfacher Gesetze und Vorgänge *erklären* lassen und daß sich zukünftige Ereignisse aus vergangenen und gegenwärtigen Ereignissen *vorausberechnen* lassen, wenn die Theorie Aussagen über den zeitlichen Verlauf von empirischen Systemen macht. Überall dort, wo die Theorie Zusammenhänge zwischen empirisch überprüfbaren Sätzen behauptet, sollen diese entsprechend den oben gemachten Voraussetzungen über die empirische Richtigkeit der Theorie auch experimentell vorhanden sein.

Durch die Forderung der Exaktheit und der empirischen Richtigkeit ist eine Theorie, die einen bestimmten Bereich physikalischer Phänomene erfassen soll, aber noch nicht eindeutig festgelegt. Die Konstruktion einer solchen Theorie ist zunächst nur durch die Forderung eingeschränkt, daß die empirischen Sachverhalte und die empirisch nachprüfbaren Beziehungen zwischen verschiedenen Sachverhalten von der Theorie quantitativ genau reproduziert werden müssen. Dagegen besteht eine gewisse Freiheit in der Wahl der Grundbegriffe, mit denen die Theorie formuliert und aufgebaut ist. Dadurch eröffnet sich die Möglichkeit alternativer theoretischer Formulierungen eines bestimmten Sachgebietes. Alternative Begriffssysteme führen aber im allgemeinen auf alternative Begründungszusammenhänge für die von der Theorie erfaßten Phänomene. Ein Theorienpluralismus in der Physik ist daher immer ein Pluralismus der Erklärungsmöglichkeiten unter Beibehaltung der empirischen Sachverhalte. Welche grundsätzlichen Möglichkeiten für die Aufstellung alternativer Begriffssysteme existieren, soll im folgenden im Rahmen einer Analyse der Struktur physikalischer Theorien untersucht werden.

II. Die Struktur physikalischer Theorien[2]

Die Grundbegriffe einer physikalischen Theorie werden operativ durch Vorgänge definiert, die man auch als Meßvorgänge für die zu definierenden Begriffe bezeichnet. Die Kennzeichnung dieser definierenden Meßvorgänge kann dabei auf zwei verschiedene Weisen geschehen. Man kann entweder den betreffenden Vorgang durch eine Anzahl von Forderungen, denen er zu gehorchen hat, charakterisieren, oder man kann einen bestimmten, exemplarisch gegebenen Vorgang auswählen und zur Definition eines Begriffes verwenden. Im ersten Fall, in dem der Meßvorgang durch bestimmte Forderungen gekennzeichnet ist, wollen wir von einer *begrifflich-operativen* Definition sprechen, im zweiten Fall, in dem der Vorgang durch exemplarischen Aufweis gegeben ist, von einer *empirisch-operativen* Definition.

Die Verwendung begrifflich-operativer Definitionen hat den Vorteil, daß durch die Kenntnis der Forderungen, denen der Meßvorgang unterliegt, bereits die syntaktischen Eigenschaften eines so definierten Begriffes in der zu konstruierenden Theorie bekannt sind. Durch Hinzunahme empirischer Feststellungen erhält man dann eine Theorie der in diesen Begriffen formulierten wissenschaftlichen Erfahrung. In Theorien mit begrifflich-operativ definierten Grundbegriffen läßt sich daher eine a-priori gültige Syntax – die häufig auch als Protophysik bezeichnet wird – von den empirischen Bestandteilen der Theorie trennen. Es muß allerdings sichergestellt sein, daß die Forderungen, die an die definierenden Meßvorgänge gestellt werden, auch empirisch realisierbar sind. Da bei der Aufstellung dieser Forderungen noch keine Theorie der wissenschaftlichen Erfahrung existiert, muß sich die Feststellung der empirischen Realisierbarkeit eines Meßvorganges auf eine qualitative Kenntnis der vorwissenschaftlichen Erfahrung beziehen.

Das Problem der empirischen Realisierbarkeit von Meßverfahren tritt bei empirisch-operativen Definitionen nicht auf. Da die hier verwendeten Meßvorgänge durch exemplarischen Aufweis gefunden werden, ist die Frage nach ihrer empirischen Möglichkeit irrelevant. Empirisch-operative Definitionen haben jedoch den Nachteil, daß über die syntaktischen Eigenschaften eines so definierten Begriffes a-priori nichts bekannt ist und alle Sätze der Theorie erst mit Hilfe

[2] Vgl. hierzu auch die ausführliche Darstellung dieses Problems in dem in diesem Band abgedruckten Aufsatz „Die Sprache der Physik“.

der Erfahrung gewonnen werden können. Eine Trennung empirischer und a-priorischer Elemente der Theorie ist nicht mehr möglich. Da dadurch wesentliche Einsichten in die Struktur einer Theorie verloren gehen, wird man bestrebt sein, physikalische Theorien möglichst nur mit solchen Begriffen zu formulieren, die begrifflich-operativ definiert sind.

In einer Theorie, deren Begriffe sämtlich begrifflich-operativ definiert worden sind, beziehen sich die definierenden Meßverfahren auf die vorwissenschaftliche Erfahrung und sind im Hinblick auf diese Erfahrung möglich. Die Behauptung der empirischen Richtigkeit einer solchen Theorie bezieht sich jedoch auf einen Vergleich der Theorie mit der wissenschaftlichen, d.h. in den Begriffen der Theorie formulierten Erfahrung. Dieser Vergleich erfolgt mit Hilfe von Vorgängen, die von der Theorie selbst erfaßt werden und die durch andere, ebenfalls von der Theorie beschriebene Phänomene so beeinflußt werden können, daß dadurch eine „*Messung*" bestimmter Größen möglich ist. Wir wollen daher einen im Rahmen der betrachteten Theorie möglichen realen Prozeß, der sinnvoll zur Messung einer *Observablen* verwendet werden kann, als *Meßprozeß* bezeichnen. Um diese Vorgänge von den *primären* Meßverfahren, die zur Definition der Grundbegriffe verwendet werden, zu unterscheiden, wollen wir sie auch als *sekundäre Meßvorgänge* bezeichnen.

Die so definierten sekundären Meßvorgänge bestimmen die empirische Bedeutung derjenigen Begriffe, die mit ihrer Hilfe gemessen werden können. Während die primären Meßvorgänge die *Syntax* einer Theorie bestimmen, wird durch die sekundären Meßprozesse deren *Semantik* festgelegt. Eine derartige Unterscheidung ist deshalb notwendig, weil die primären Meßvorgänge, die hinsichtlich der vorwissenschaftlichen Erfahrung möglich sind, nicht notwendig auch im Rahmen der wissenschaftlich formulierten Erfahrung empirisch realisierbar sein müssen. Man muß dann zur Durchführung von Messungen auf andere, auch innerhalb der vollständigen Theorie mögliche Prozesse, die sekundären Meßvorgänge, zurückgreifen. Die durch diese sekundären Meßvorgänge gelieferte Semantik bezieht sich jedoch nur auf solche Begriffe, die durch einen derartigen Meßprozeß quantitativ gemessen werden können, d.h. auf die Observablen. Diejenigen Begriffe der Theorie, bei denen das nicht der Fall ist, besitzen keine empirische Bedeutung, obwohl auch sie durch einen primären Meßvorgang operativ definiert sind.

Wenn ein primärer Meßvorgang im Rahmen der vollständigen, wissenschaftlich formulierten Erfahrung nicht empirisch realisierbar ist, so kann das nur darauf zurückgeführt werden, daß diejenigen qualitativen Eigenschaften der vorwissenschaftlichen Erfahrung, die den betreffenden Meßvorgang ermöglichen, in der wissenschaftlich formulierten Erfahrung nicht mehr vorhanden sind. Es erhebt sich allerdings die Frage, wie eine derartige Diskrepanz zwischen den Voraussetzungen und den Ergebnissen in einer widerspruchsfreien Theorie möglich ist. Um diese Frage zu beantworten, sei daran erinnert, daß die vorwissenschaftliche Erfahrung, deren qualitative Züge die primären Meßvorgänge möglich erscheinen lassen, auf den Bereich der unmittelbaren menschlichen Umwelt beschränkt ist. Die für die primären Meßvorgänge erforderlichen empirischen Eigenschaften sind daher unter Umständen auch nur in diesem beschränkten Erfahrungsbereich vorhanden. Je weiter man sich aus dem Bereich der menschlichen Umwelt entfernt, um so geringer wird die Gewißheit dafür sein, die qualitativen Züge der vorwissenschaftlichen Erfahrung empirisch vorzufinden.

Andererseits hatten wir vorausgesetzt, daß die zur Diskussion stehenden Theorien empirisch vollständig richtig sind. Das bedeutet zunächst, daß die in der Theorie formulierte wissenschaftliche Erfahrung, soweit sie dem Bereich der menschlichen Umwelt angehört, auch auf Grund der Theorie die vorausgesetzten qualitativen Eigenschaften der vorwissenschaftlichen Erfahrung besitzt, diese aber außerdem quantitativ verschärft. Die empirische Verifikation der Theorie geschieht in diesem Bereich mit realen (sekundären) Meßvorgängen, die mit den primären Meßvorgängen übereinstimmen. Darüber hinaus bedeutet die vollständige empirische Richtigkeit der Theorie jedoch, daß es möglich ist, mit Hilfe einer solchen Theorie auch Vorgänge zu untersuchen, die nicht mehr zu dem ursprünglichen vorwissenschaftlichen Erfahrungsbereich gehören. Die Theorie kann dann zu dem Ergebnis führen, daß solche Vorgänge, als sekundäre Meßvorgänge verwendet, nicht mehr alle Eigenschaften der primären Meßprozesse besitzen. Die primären Meßvorschriften sind unter diesen Umständen nicht mehr empirisch realisierbar, was zu einem Auseinanderfallen von Syntax und Semantik in der betreffenden Theorie führt.

Die in der heutigen Physik bekannten, im gesamten Erfahrungsbereich gültigen Theorien besitzen alle die dargestellte Struktur. Die durch primäre Meßvorgänge operativ definierten Begriffe sind nur innerhalb desjenigen Erfahrungsbereiches empirisch realisierbar, der mit der vorwissenschaftlichen Erfahrung übereinstimmt. In den darüber hinaus gehenden Erfahrungsbereichen – zu denen etwa die kosmischen und atomaren Phänomene gehören – muß man mit Hilfe einer Theorie der realen Meßvorgänge untersuchen, welche Begriffe der Theorie observabel sind und welche nicht. Die Theorien enthalten wegen der Existenz dieser nicht observablen Begriffe eine gewisse Redundanz, woraus sich die Möglichkeit ergibt, alternative Theorien zu konstruieren, die zwar in ihren Aussagen über observable Begriffe übereinstimmen, nicht hingegen hinsichtlich der unbeobachtbaren Größen.

Die gegenüber den bisher dargestellten Theorien, die ihr Begriffssystem an der vorwissenschaftlichen Erfahrung orientieren, extremste Alternative besteht in einer völligen Elimination redundanter Bestandteile und führt zu einer *Theorie beobachtbarer Größen.* Eine solche Umformulierung ist möglich, indem man die ganze Theorie in denjenigen Begriffen formuliert, die durch reale Meßvorgänge operativ definierbar sind und mit ihrer Hilfe die mit primären Meßvorgängen begrifflich-operativ definierten Begriffe aus der Theorie eliminiert. Dadurch werden alle Sätze der Theorie empirisch überprüfbar und die ursprünglich vorhandene Redundanz in der Formulierung der Theorie beseitigt. Da jedoch alle Begriffe einer solchen Theorie empirisch-operativ definiert sind, gibt es keine a-priori gültige Syntax mehr. Sämtliche Beziehungen zwischen Begriffen sind nur noch empirisch gegeben.

Theorien mit beobachtbaren Größen, deren sämtliche Begriffe empirisch-operativ durch reale Meßvorgänge definiert sind, sind hinsichtlich der syntaktischen Eigenschaften dieser Begriffe *selbstkonsistent.* Da der Meßvorgang, mit dessen Hilfe ein Begriff empirisch-operativ definiert ist, selbst auch Gegenstand der vollständigen Theorie ist, die mit solchen empirisch-operativ definierten Begriffen formuliert ist, so lassen sich bestimmte Eigenschaften des betrachteten Begriffes bereits aus der Theorie des Meßvorganges bestimmen. Diese aus der physikalischen Struktur des Meßvorganges folgenden syntaktischen Eigenschaften der verwendeten Begriffe sind daher eine Konsequenz der Theorie. Die Syntax einer selbstkonsistenten Theorie beobachtbarer Größen ist somit nicht nur eine der Theorie zugrunde liegende Struktur, sondern selbst Gegenstand der Theorie und durch sie bestimmt.

III. Beispiele für den Theorienpluralismus

Auf Grund der dargestellten Zusammenhänge bestehen für die Konstruktion einer physikalischen Theorie offenbar zwei grundsätzlich verschiedene Möglichkeiten: Entweder man formuliert die Theorie in Begriffen, die mit Hilfe primärer Meßvorgänge begrifflich operativ definiert sind – oder man verwendet die realen Meßvorgänge zu empirisch-operativen Definitionen und erhält so eine Theorie beobachtbarer Größen. Dabei besteht die erste der genannten Alternativen, die mit einem Begriffssystem beginnt, dessen einzelne Begriffe nur zum Teil observabel sind, wenigstens theoretisch aus sehr vielen Möglichkeiten, da hinsichtlich der Einführung unbeobachtbarer Größen offenbar eine sehr große Willkür besteht. Schränkt man aber die Konstruktion solcher Theorien durch die Forderung ein, daß die definierenden primären Meßvorgänge hinsichtlich der vorwissenschaftlichen Erfahrung möglich sind, so wird durch diese Forderung die Willkür in der Definition von Begriffen außerordentlich eingeschränkt. Praktisch bedeutet diese Einschränkung sogar, daß nur ein einziges System von Begriffen vorliegt, dessen definierende Meßverfahren hinsichtlich der vorwissenschaftlichen Erfahrung möglich sind. Es kann nicht ausgeschlossen werden, daß noch andere derartige Begriffssysteme existieren, sie sind aber bisher nicht aufgestellt worden.

Es sollen im Folgenden kurz zwei physikalische Theorien besprochen werden, für die beide Alternativen für den Aufbau der Theorie in ausgearbeiteter Form vorliegen. Im einen Fall handelt es sich dabei jeweils um eine Theorie, deren Begriffssystem an der vorwissenschaftlichen Erfahrung orientiert ist, und eine Theorie des Meßvorganges, die die Unterscheidung von Observablen und nicht beobachtbaren Größen gestattet – im anderen Fall um die gleiche Theorie, in der aber die nicht beobachtbaren Größen vollständig eliminiert sind. Für die meisten physikalischen Theorien liegt nur die eine oder die andere Formulierung vor, weshalb in diesen Fällen eine direkte Demonstration des in der Physik möglichen Theorienpluralismus nicht durchgeführt werden kann. Die beiden Theorien, in denen jeweils beide Möglichkeiten ausgearbeitet sind, sind die Quantentheorie[3] und die Gravitationstheorie[4].

Bei der Formulierung der klassischen Mechanik geht man aus von der vorwissenschaftlichen Voraussetzung, daß es Dinge in unserer Erfahrung gibt, denen alle observablen Eigenschaften entweder im positiven oder im negativen Sinne zukommen. Für die Formulierung der Mechanik als Theorie hat das die Konsequenz, daß man die zeitliche Entwicklung eines Systems von Massenpunkten durch eine Bahn in einem mehrdimensionalen *Phasenraum* beschreiben kann. Zu jedem Zeitpunkt ist dann die Gesamtheit aller meßbaren Größen durch die Koordinaten des jeweiligen Phasenraumpunktes gekennzeichnet. Die eigentliche Aufgabe der Theorie, zu der als wesentliche Bestandteile noch empirische Elemente hinzukommen, besteht dann in der Bestimmung eines Gesetzes, das die Phasenbahn aus den jeweiligen Anfangsbedingungen zu berechnen gestattet. Da die Koordinaten eines Phasenpunktes die Werte aller Observablen zu dem betrachteten Zeitpunkt festlegen, wird durch das Gesetz der Phasenbahn ein durchgängiger Kausalzusammenhang hergestellt: Aus den Werten *aller* Observablen zu einer vorgegebenen Zeit lassen sich mit Hilfe dieses Gesetzes die Meßwerte *aller* Observablen zu einer späteren Zeit bestimmen.

Falls die so konstruierte Theorie den oben formulierten Bedingungen der empirischen Richtigkeit genügt, und zwar nicht nur innerhalb des Erfahrungsbereiches, der zur unmittelbaren menschlichen Umwelt gehört, sondern darüber hinaus auch im atomaren Bereich, so kann man im Rahmen dieser Theorie Vorgänge, die zur Ausmessung atomarer Objekte geeignet sind, untersuchen. Dabei zeigt sich, daß auf Grund der physikalischen Eigenschaften der Meßgeräte eine vollständige experimentelle Bestimmung aller Observablen eines Objekts niemals möglich ist. Man kann vielmehr immer nur eine bestimmte Klasse von Observablen, diese aber mit beliebiger Genauigkeit, ausmessen. Die übrigen, theoretisch auch möglichen Eigenschaften wer-

---

[3] Eine Darstellung der Quantentheorie unter dem hier interessierenden Aspekt findet sich in: P. MITTELSTAEDT, Philosophische Probleme der modernen Physik, IV. Auflage, Mannheim 1972, Kap. III–VI.

[4] Eine Darstellung der Relativitätstheorie unter dem hier interessierenden Aspekt findet sich in P. MITTELSTAEDT, l.c., Kap. II, sowie in „Lorentzinvariante Gravitationstheorie", Arbeitsgemeinschaft für Forschung des Landes Nordrhein-Westfalen, Heft 202, Westdeutscher Verlag, Köln und Opladen 1970.

den der empirischen Bestimmung erst zugänglich, wenn man das System durch einen Eingriff mit Hilfe des Meßgerätes verändert hat. Da somit niemals die Gesamtheit aller Observablen zu einer Zeit bekannt ist, ist auch die Voraussetzung dafür, einen Kausalzusammenhang im Sinne der klassischen Mechanik herzustellen, niemals gegeben. Das zukünftige Verhalten eines Systems läßt sich aus dem – grundsätzlich immer nur teilweise bekannten – Anfangszustand nur mit einer gewissen Wahrscheinlichkeit bestimmen.

Unter diesen Umständen ist es naheliegend, prinzipiell unbeobachtbare Begriffe wie die der Phasenbahn eines Systems aus der Theorie zu eliminieren und alle empirisch nachprüfbaren Resultate der Theorie direkt durch beobachtbare Größen auszudrücken. Das geschieht in der Heisenberg-Schrödingerschen Formulierung der Quantentheorie. Der Begriff des Phasenpunktes wird dort durch einen Zustandsvektor ersetzt und der Phasenraum durch den Hilbertraum. Wesentlich ist, daß der Zustandsvektor eine Aussage über die Meßwerte derjenigen Observablen gestattet, die in dem betrachteten Zustand tatsächlich meßbar sind. An Stelle der klassischen Kausalverknüpfung durch eine Bahn im Phasenraum tritt hier ein Gesetz, das die zeitliche Entwicklung des Zustandsvektors festlegt. Dadurch ist jedoch keine durchgehende Kausalverbindung mehr bestimmt, da durch den zu einem Zeitpunkt gehörenden Zustand jeweils nur einige, nämlich die meßbaren Observablen festgelegt sind.

Das zweite Beispiel, das hier besprochen werden soll, betrifft die Theorie der Gravitation. Zum Aufbau einer solchen Theorie geht man zunächst aus von der Voraussetzung, daß es Maßstäbe und Uhren gibt, die es gestatten, das Raum-Zeit-Kontinuum der speziellen Relativitätstheorie, also den pseudoeuklidischen vierdimensionalen Minkowskiraum, auszumessen. Konkret denken wir hierbei an die geradlinigen Bahnen von Lichtstrahlen und kräftefreien Massenpunkten. Diese Voraussetzung enthält bereits theoretische Elemente, sie ist jedoch vorwissenschaftlich hinsichtlich der hier interessanten Euklidizität des Raum-Zeit-Kontinuums. Die vorausgesetzte Existenz von Maßstäben zur Ausmessung des Minkowskiraumes ist jedenfalls in dem zur menschlichen Umwelt gehörenden Erfahrungsbereich sinnvoll.

Eine in einem solchen Raum-Zeit-Kontinuum konstruierte lorentzinvariante Theorie der Gravitation muß neben anderen Forderungen dem empirisch bestätigten „Äquivalenzprinzip" genügen, daß nämlich das Gravitationsfeld auf alle Formen der Energie in einer einheitlichen Weise wirkt. Falls die so erhaltene Theorie empirisch vollständig richtig ist, so lassen sich ihre Ergebnisse auch auf kosmische, den menschlichen Erfahrungsbereich weit übersteigende Dimensionen anwenden. Versucht man nun in diesen Dimensionen und in Anwesenheit von Gravitationsfeldern das Raum-Zeit-Kontinuum mit Lichtstrahlen und kräftefreien Massenpunkten auszumessen, so sieht man, daß sich weder Lichtstrahlen noch Massenpunkte gleichförmig und geradlinig bewegen. Vielmehr bewegen sie sich auf den Geodäten eines Riemannschen Raumes, dessen Metrik durch das vorhandene Gravitationsfeld vollständig bestimmt ist. Da es wegen des Äquivalenzprinzips überhaupt keine Maßstäbe gibt, die nicht vom Gravitationsfeld beeinflußt werden, so kommt dieser Tatsache prinzipielle Bedeutung zu: In Anwesenheit von Gravitationsfeldern ist nur der durch diese Felder bestimmte Riemannsche Raum observabel, nicht jedoch der zur Formulierung der Theorie verwendete pseudoeuklidische Raum. Lediglich in den Dimensionen der menschlichen Umwelt werden die Einflüsse der Gravitationsfelder auf die Maßstäbe so klein, daß man praktisch einen Minkowskiraum vorfindet.

Unter diesen Bedingungen erscheint es sinnvoll, den empirisch nicht realisierbaren Minkowskiraum aus der Formulierung der Theorie zu eliminieren und die ganze Theorie des Gravitationsfeldes auf den observablen und durch das Gravitationsfeld bestimmten Riemannschen Raum zu beziehen. Die Feldgleichungen für das Gravitationsfeld sind dann kovariante Gleichungen in diesem Riemannschen Raum und die Bewegungsgleichungen von Massenpunkten und Lichtstrahlen die zugehörigen Geodätengleichungen. Die Durchführung dieses hier nur angedeuteten Programmes zur Elimination von unbeobachtbaren Größen führt auf die Einsteinsche Theorie der Gravitation, die auch als allgemeine Relativitätstheorie bezeichnet wird. Sie enthält nur noch Größen, die durch Vorgänge gemessen werden können, die selbst Gegenstand der Theorie sind.

5. NATURWISSENSCHAFT UND GESELLSCHAFT[1]

Die Bedeutung naturwissenschaftlicher Forschung für die menschliche Gesellschaft ist offensichtlich. In allen Bereichen des täglichen Lebens, des Verkehrs, der Kommunikation und der industriellen Produktion werden Techniken zur Anwendung gebracht, die auf naturwissenschaftlichen Forschungsergebnissen beruhen. Spätestens aber seit den Entdeckungen, die zu einer technischen Nutzung der Atomenergie geführt haben, ist auch der ambivalente Charakter dieser Forschung einer breiten Öffentlichkeit bewußt geworden. Naturwissenschaftliche Forschung kann sowohl zum Nutzen als auch zum Schaden der Menschheit verwendet werden. Diese allgemeine Einsicht ist am Beispiel der Atomenergie nur in einem besonderen Maße deutlich geworden.

Ich möchte mich in meinem heutigen Vortrag nicht mit diesem, hier nur angedeuteten Einfluß der Naturwissenschaften auf die verschiedenen Formen menschlichen Zusammenlebens befassen. Das ist in den letzten Jahrzehnten in zahlreichen Publikationen, Tagungen und Diskussionen ausführlich geschehen. Ich möchte heute vielmehr die umgekehrte Frage behandeln, ob die menschliche Gesellschaft nur passiv das Objekt einer Entwicklung ist, die nach immanenten und unserem Zugriff entzogenen Gesetzen abläuft, oder ob diese Gesellschaft die Möglichkeit besitzt, selbst Einfluß zu nehmen auf die Entwicklung der Naturwissenschaften und ihrer Ergebnisse. Ein solcher

---

[1] Rede, gehalten anläßlich der Übernahme des Rektorates der Universität zu Köln vor dem großen Senat am 14. Oktober 1970. In einer im wissenschaftstheoretischen Teil etwas erweiterten Fassung wurde der sonst gleiche Text im November 1970 als öffentlicher Vortrag an der Universität Köln sowie im April 1971 im Westdeutschen Rundfunk gehalten. Die Rektoratsrede erschien zuerst im Druck in der Reihe „Kölner Universitätsreden", Nr. 43, Scherpe-Verlag, Krefeld 1971. Der Text des öffentlichen Vortrages erschien in Band 18 der Reihe „Demokratische Existenz heute", herausgegeben von F. A. Hermens, Carl Hemanns Verlag KG, Köln 1972. Der hier abgedruckte Text stimmt mit der in den „Kölner Universitätsreden" veröffentlichten Fassung überein.

Einfluß ist denkbar auf zwei mögliche Weisen: Der Einfluß könnte einerseits unmittelbar sein in dem Sinne, daß die jeweiligen gesellschaftlichen Verhältnisse die Methoden und Ergebnisse der Naturwissenschaft beeinflussen. Der Einfluß könnte aber auch mittelbar sein in dem Sinne, daß eine bewußte und gezielte Förderung bestimmter Forschungsrichtungen die so geförderte Wissenschaft verändert.

Ich möchte mich im Folgenden nicht mit dem gesamten Bereich der Naturwissenschaften befassen, sondern die angeschnittenen Fragen am Beispiel der Physik zu verdeutlichen versuchen. Diese Beschränkung ist einerseits dadurch motiviert, daß Physik mein eigenes Fachgebiet ist, andererseits aber dadurch, daß die Physik die am weitesten entwickelte Naturwissenschaft ist und methodisch den anderen Naturwissenschaften zu Grunde liegt. Was hinsichtlich unserer Fragestellung für die Physik gilt, wird daher mit gewissen Modifikationen auch für die anderen Bereiche der Naturwissenschaft zutreffen. Das ist weniger inhaltlich gemeint als formal: Es kommt mir im folgenden darauf an, am Beispiel der Physik zu demonstrieren, welche allgemeine Methode des Fragens mir angemessen zu sein scheint, um den Einfluß der Gesellschaft auf ein Gebiet der Naturwissenschaft zu untersuchen.

Der unmittelbare Einfluß der Gesellschaft auf die Naturwissenschaft

Die Behauptung, daß die gesellschaftlichen Verhältnisse und die damit verbundenen herrschenden Ideologien einen unmittelbaren Einfluß auf die physikalische Theorienbildung besitzen, ist in den letzten Jahrzehnten von verschiedener Seite aufgestellt worden. Auch die angeblich durch die Abstammung bedingten Eigenschaften eines Volkes wurden für bestimmte Charakteristiken der jeweils entwickelten physikalischen Theorien verantwortlich gemacht. Im wesentlichen lassen sich drei verschiedene Strömungen dieser Art unterscheiden.

1. In den Jahren von 1933–1938 wurde von der nationalsozialistischen Partei in Deutschland die spezielle Relativitätstheorie Einsteins auf das schärfste als eine dem deutschen Wesen fremde, und daher abzulehnende Theorie bekämpft. Diese Theorie, die das Verhalten von Körpern und Kraftfeldern bei sehr hohen Geschwindigkeiten behandelt, hat zu einigen Ergebnissen geführt – der Relativität von

Längen und Zeitintervallen –, die aus der täglichen Erfahrung der unmittelbaren menschlichen Umwelt nicht bekannt sind. Da diese Ergebnisse sich nur aus dem mathematischen Formalismus der Theorie herleiten und verstehen lassen, galt diese Theorie als abstrakt und unanschaulich. Da andererseits die Ergebnisse der Relativitätstheorie mit den empirischen Befunden übereinstimmten, ergab sich die Notwendigkeit, eine dem deutschen Wesen adäquate anschauliche und weniger abstrakte Physik zu formulieren. Als Exponent dieser Bemühungen ist der Physiker Philipp Lenard zu nennen, der 1937 ein vierbändiges Lehrbuch mit den Titel „Deutsche Physik" publizierte[2]. Die ungewöhnlich dürftigen Ergebnisse dieses und anderer Versuche, eine annehmbare Alternativtheorie zur speziellen Relativitätstheorie zu formulieren, führten dann auch wenig später dazu, daß die Einsteinsche Theorie als die einzige den empirischen Tatsachen entsprechende Theorie offiziell anerkannt wurde, ohne daß das grundsätzliche Problem befriedigend zu Ende diskutiert worden wäre.

2. In den Jahren von 1947 bis 1961 wurden in der Sowjetunion die spezielle Relativitätstheorie, die Einsteinsche Gravitationstheorie und Kosmologie und die Heisenberg-Schrödingersche Quantentheorie einer scharfen Kritik unterzogen. Die genannten Theorien, besonders aber bestimmte dazu gehörende Interpretationen wurden abgelehnt, weil man vermutete, daß sie auf philosophischen Voraussetzungen beruhen, die dem dialektischen Materialismus widersprechen[3].

Bei der speziellen Relativitätstheorie werden die einzelnen Ergebnisse dieser Theorie erst verständlich, wenn man sich über den operativen Charakter der verwendeten Begriffe, insbesondere über den Begriff des Raum-Zeit-Intervalles im klaren ist. Die Relativität, d.h. die Abhängigkeit aller Phänomene vom Bezugssystem des Beobachters rührt gerade von diesem operativen Ansatz her. Die Sowjetphilosophie vermutete daher, daß diese Theorie wesentlich auf eine an Ernst Mach orientierte positivistische Erkenntnistheorie aufbaut und letztlich die Objektivität der Naturgesetze und der Welt leugnet. Einige besonders unanschauliche Resultate der Theorie, wie

---

[2] Philipp Lenard, Deutsche Physik, in 4 Bänden, I.F. Lehmann, München 1936/37.

[3] Ein sehr ausführliches Quellenmaterial findet sich in: S. Müller-Markus, Einstein und die Sowjetphilosophie, Band I und II, D. Reidel Publishing Company, Dordrecht 1960/66 und in: S. Müller-Markus, Sowjetphilosophie in der Krise, Schweizer Monatshefte **42**, 345 (1962).

die Geschwindigkeitsabhängigkeit der Masse und der Länge, wurden darüber hinaus für falsch erklärt, und der Physiker Steinman entwickelte auf dieser Basis eine materialistische objektive Theorie schneller Bewegungen, in der die genannten Effekte durch ad hoc eingeführte Kraftfelder erklärt wurden. Wegen ihrer offensichtlichen Falschheit konnte sich diese Theorie aber gegen die Mehrzahl der sowjetischen Physiker nicht behaupten. Nach jahrelangen ideologischen Streitgesprächen in der Literatur und auf Konferenzen wurde die spezielle Relativitätstheorie im Jahre 1955 – 50 Jahre nach ihrer Entstehung – offiziell anerkannt.

Etwas anders war die Situation hinsichtlich der allgemeinen Relativitätstheorie und der damit beschriebenen Kosmologie. Der von der Sowjetphilosophie vertretene Erkenntnisrealismus verlangt die Objektivität von Raum und Zeit. Die vermeintliche Relativität dieser beiden Begriffe ist aber von Einstein selbst und anderen Physikern seiner Zeit oft überbewertet worden und mußte daher bei den sowjetischen Philosophen den Eindruck erwecken, als sei die allgemeine Relativitätstheorie die explizite Erfüllung des Machschen Programmes. Da die konkrete Formulierung der Einsteinschen Theorie nichts derartiges enthält – das sog. Machsche Prinzip kommt gar nicht vor –, beteiligten sich an den Angriffen auf die allgemeine Relativitätstheorie auch bedeutende sowjetische Physiker wie Vladimir Fock. Allerdings verfallen sie in den umgekehrten Fehler und versuchen ihrerseits die allgemeine Relativitätstheorie so abzuändern bzw. neu zu interpretieren, daß sie die Thesen des Diamat verwirklicht. So versucht Fock ausgezeichnete Bezugssysteme zu konstruieren, die einer absoluten Raum–Zeit entsprechen, um dadurch der allgemeinen Relativität zu entgehen. Besonders in der Kosmologie führt diese Methode jedoch zu koordinatenabhängigen und damit physikalisch völlig irrelevanten Konsequenzen.

In der Quantentheorie, die der gesamten Atomphysik zugrunde liegt, entstanden seit 1948 Komplikationen mit der Sowjetphilosophie insbesondere durch die von Lenin in seinem Hauptwerk „Materialismus und Empirokritizismus" aufgestellte These von der vollständigen, wenn auch nur schrittweise erreichbaren Erkennbarkeit der Welt. Die jahrelangen Diskussionen bei der Begründung der Quantentheorie hatten aber gerade zu dem Ergebnis geführt, daß diese Theorie nicht mehr auf der Grundlage eines naiven Erkenntnisrealismus interpretierbar ist. Der in der Heisenbergschen Unschärferelation zum

Ausdruck gebrachte Sachverhalt, daß die objektiven Eigenschaften eines atomaren Systems von der Fragestellung und d.h. hier von dem jeweils verwendeten Meßgerät abhängen, wird als Machscher Subjektivismus grundsätzlich abgelehnt. Die aus der Unschärferelation folgende Konsequenz, daß man grundsätzlich nicht alle Eigenschaften eines Objektes gleichzeitig messen kann, widerspricht darüber hinaus der Leninschen These von der Erkennbarkeit der Welt und muß daher, wie der Philosoph Omeljanovskij 1956 auseinandergesetzt hat, falsch sein: „...Die bürgerlichen Gelehrten verfälschen im Interesse des Kapitalismus die eine Tatsache, verschweigen die andere, erfinden angebliche Tatsachen und Naturgesetze, legen in die großen wissenschaftlichen Entdeckungen einen fremden Inhalt usw.“ Auf einer im Jahre 1958 über diese Fragen abgehaltenen Konferenz konnten sich jedoch die Philosophen gegenüber der Mehrheit der Physiker nicht durchsetzen. Ein auch von dem Physiker Blochinzew unterstützter Versuch, die Quantentheorie im Sinne einer klassisch statistischen Theorie zu deuten und dadurch in Einklang mit den Leninschen Thesen zu bringen, wurde nicht weiter verfolgt. Die vergeblichen Bemühungen, eine leninistische Alternative zur Quantentheorie zu finden, hat seitdem die Diskussion über diese Fragen weitgehend verstummen lassen.

3. Weniger spezifisch auf eine bestimmte Theorie ausgerichtet, aber darum nicht weniger scharf, sind die Einwände gegen die heutige Physik, die Herbert Marcuse 1967 in seinem Buch „Der eindimensionale Mensch“ formuliert hat[4]. Marcuse geht bei seiner Kritik aus von der Beobachtung, daß die Beherrschung der Menschen durch den Menschen in unserem technisch-wissenschaftlichen Zeitalter abgelöst wird durch ein System technisch motivierter Sachzwänge, die die alten Herrschaftsverhältnisse zwar erhalten, sie aber zugleich objektivieren und damit unangreifbar machen. Es besteht daher der Verdacht, daß die heutige Naturwissenschaft, die eine Naturbeherrschung ermöglicht, die so eng mit der Beherrschung des Menschen verbunden ist, von vornherein auf diesen Zweck hin angelegt worden ist. Marcuse versucht dann auch zu zeigen, daß die Naturwissenschaft von ihrer Methode her so angelegt ist, daß die mit dieser Wissenschaft begriffene Natur als ein technisches Mittel erscheint, das das Leben des einzelnen Menschen zwar verbessert, ihn aber zugleich denjenigen

[4] Herbert Marcuse, Der eindimensionale Mensch, Luchterhand Verlag, Neuwied 1967.

Menschen unterwirft, die über diese Mittel verfügen. Die Konsequenz, die Marcuse weiter aus dieser Feststellung zieht, ist, daß durch eine Veränderung der gesellschaftlichen Herrschaftsverhältnisse auch die Möglichkeit für den Entwurf einer anderen – herrschaftsfreien – Physik besteht. Ohne auf Einzelheiten einzugehen, vermutet Marcuse, daß diese herrschaftsfreie Physik zu wesentlich anderen Begriffen führen und auch wesentlich andere Tatsachen feststellen würde[5, 6].

Die drei erwähnten Versuche, einen Einfluß der jeweiligen Gesellschaft auf die von ihr hervorgebrachte Naturwissenschaft festzustellen, sind bisher negativ verlaufen. In keinem Fall hat sich ein konkreter Alternativentwurf für eine physikalische Theorie angeben lassen, der mit der heute betriebenen Physik konkurrieren könnte. Allerdings ist dadurch die Möglichkeit eines äußeren Einflusses auf die Struktur der Naturwissenschaft nicht widerlegt, sondern es ist nur der hypothetische Charakter derartiger Behauptungen deutlich geworden. Ich glaube daher, daß es bei diesem Stand der Diskussion nicht lohnt, das Für und Wider der verschiedenen Einwände gegen die heutige Physik im einzelnen zu diskutieren. Man könnte so allenfalls einige wenig durchdachte Vermutungen widerlegen, ohne die Gegenseite von der Unmöglichkeit besserer Versuche zu überzeugen.

Ich möchte daher nicht die Frage selbst diskutieren, ob ein derartiger Einfluß vorhanden ist, sondern vielmehr die Metafrage erörtern, unter welchen Voraussetzungen ein Einfluß des einzelnen Wissenschaftlers auf die von ihm untersuchte Theorie überhaupt möglich ist. Die Beantwortung dieser Frage nach den Bedingungen der Möglichkeit eines Theorienpluralismus in der Physik würde einen methodischen Rahmen für die Diskussion der bisherigen und zukünftiger Einwände der genannten Art gegen die Physik abgeben. Die Voraussetzung dafür ist eine genaue Strukturanalyse dessen, was man heute als physikalische Theorie bezeichnet. Ich muß mich, dem Rahmen dieses Vortrages entsprechend, dabei auf Andeutungen beschränken[7].

---

[5] HERBERT MARCUSE, l.c. S. 181.

[6] Vgl. hierzu JÜRGEN HABERMAS, Technik und Wissenschaft als Ideologie, Suhrkamp Verlag, Frankfurt am Main 1968, S. 48ff. Habermas weist mit Recht darauf hin, daß die Behauptung der historischen Kontingenz der heutigen Naturwissenschaft nur durch den Aufweis mindestens *eines* alternativen Entwurfs bewiesen werden könnte.

[7] Eine ausführliche Darstellung findet sich in dem ebenfalls in diesem Band abgedruckten Aufsatz „Die Sprache der Physik".

Jede physikalische Theorie beginnt mit der Definition derjenigen Begriffe, mit denen mögliche Erfahrungsinhalte formuliert werden sollen. Die Grundbegriffe werden dabei operativ durch Vorgänge definiert, die man auch als primäre Meßvorgänge für den zu definierenden Begriff bezeichnet. Wenn man den betreffenden Vorgang durch eine Anzahl von Forderungen, denen er zu gehorchen hat, charakterisiert, so sind durch diese Postulate bereits die syntaktischen Eigenschaften eines so definierten Begriffs in der zu konstruierenden Theorie bestimmt. Solche Definitionen sollen begrifflich-operativ genannt werden. In Theorien mit begrifflich-operativ definierten Grundbegriffen läßt sich daher eine a-priori für jede mögliche Erfahrung gültige Syntax angeben. Es muß allerdings sichergestellt sein, daß die definierenden Meßverfahren empirisch, d.h. hier im Rahmen einer qualitativen vorwissenschaftlichen Erfahrung, möglich sind.

Durch Hinzunahme empirischer Feststellungen erhält man eine Theorie der in diesen operativ definierten Begriffen formulierten wissenschaftlichen Erfahrung. Die empirische Verifikation einer solchen Theorie geschieht dann durch einen Vergleich der theoretischen Behauptungen mit der wissenschaftlichen Erfahrung. Dieser Vergleich erfolgt mit Hilfe von *Vorgängen*, die von der Theorie selbst erfaßt werden und durch andere ebenfalls von der Theorie beschriebene Phänomene so beeinflußt werden können, daß dadurch eine Messung bestimmter Größen möglich ist. Einen derartigen Vorgang bezeichnet man als sekundären Meßprozeß. Sekundäre Meßvorgänge bestimmen die empirische Bedeutung derjenigen Begriffe, die mit ihrer Hilfe gemessen werden. Während die primären Meßvorgänge die Syntax einer Theorie bestimmen, ist durch die sekundären Meßprozesse deren Semantik festgelegt.

Der entscheidende Punkt ist nun, daß die primären Meßvorgänge zugleich sekundäre Meßvorgänge sein müssen, damit die syntaktischen Strukturen auch semantische Relevanz besitzen. Falls diese Eigenschaft der Selbstkonsistenz einer Theorie nicht vorliegt, kann man die sekundären Meßvorgänge zur Definition neuer Grundbegriffe verwenden, die dann mit Sicherheit empirisch realisierbar sind. Es gibt also durchaus die Möglichkeit eines empirisch irrelevanten Scheinpluralismus in der Physik, der dadurch entsteht, daß man von verschiedenen syntaktischen Systemen ausgeht. Daß dieser Pluralismus ein Scheinpluralismus ist, rührt daher, daß durch die Forderung der

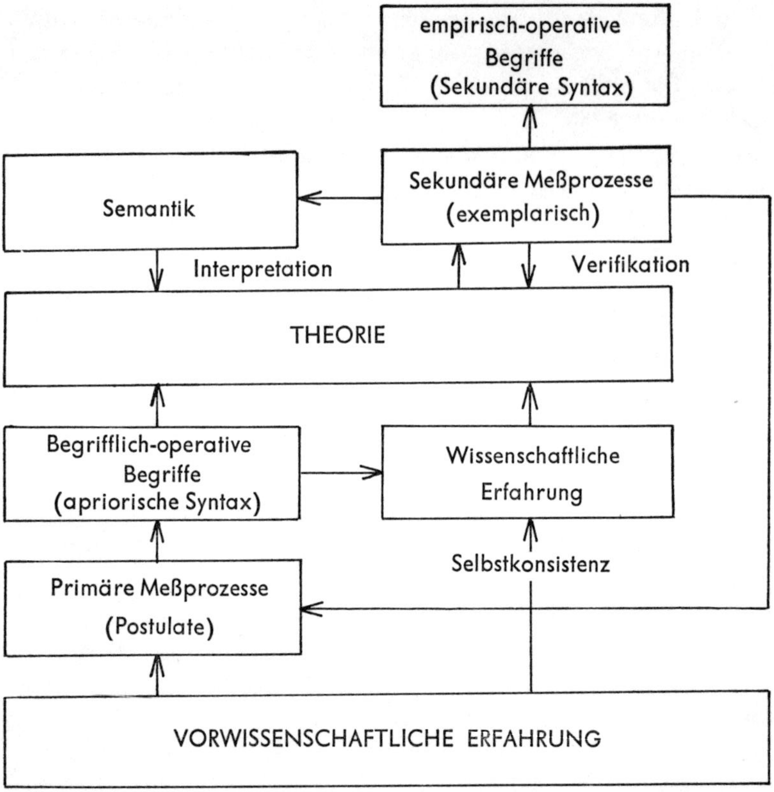

Selbstkonsistenz ein einziges, semantisch relevantes Begriffssystem ausgewählt wird.

Auf Grund dieser Überlegungen lassen sich nun die oben formulierten Fragen hinsichtlich der unmittelbaren Beeinflußbarkeit beantworten. Ein durch ideologische Vorurteile hervorgerufener unmittelbarer Einfluß des einzelnen Wissenschaftlers auf die von ihm konzipierte Theorie kann sich nur in der Wahl der Begriffe und damit in der Syntax der Theorie ausdrücken. Auf diese Möglichkeit weist Marcuse im Anschluß an Überlegungen von Hugo Dingler auch explizit hin. Dingler hat aber noch nicht den erst in der modernen Physik eigentlich wichtig gewordenen Gesichtspunkt der Selbstkonsistenz beachtet, weshalb die Dinglerschen Überlegungen die Möglichkeit eines echten Theorienpluralismus zu eröffnen scheinen. Von dieser Möglichkeit versucht Marcuse Gebrauch zu machen. Es ist jedoch weder im Rahmen des Marcuseschen Programmes, noch im

Rahmen der anderen, oben diskutierten Vorschläge möglich, über einen auf die Syntax beschränkten Scheinpluralismus hinauszukommen, wenn man die für die Physik unerläßliche Forderung der Konsistenz von Syntax und Semantik beachtet.

Der mittelbare Einfluß der Gesellschaft auf die Naturwissenschaft

Wenn ein unmittelbarer Einfluß der Gesellschaft auf Grund ihrer eigenen Struktur und den mit dieser Struktur verbundenen Ideologien auf die Wissenschaft bisher nicht festgestellt wurde und auch nicht zu erwarten ist, so bedeutet das jedoch nicht, daß nicht diese Gesellschaft einen mittelbaren Einfluß auf die Wissenschaft durch gezielte Förderung bestimmter Forschungsprogramme ausüben kann. Gerade in den Naturwissenschaften und in besonderem Maße in der Physik ist die Forschung infolge ihrer ungewöhnlich hohen Kosten an eine gezielte Wissenschaftsförderung gebunden. Es besteht daher durch diese enge Verknüpfung von Finanzierung und Forschungsplanung durchaus die Möglichkeit, die Entwicklung der Wissenschaft gezielt in eine bestimmte Richtung zu lenken. Der eigensinnige, individualistische Wissenschaftler, der ohne jede äußere Hilfe seinen Ideen nachgeht, gehört jedenfalls auf dem Gebiet der Physik der Vergangenheit an.

Seit die Ambivalenz wissenschaftlicher Forschungsergebnisse, die sowohl zum Nutzen als auch zum Schaden der Menschheit verwendet werden können, in das Bewußtsein einer breiten Öffentlichkeit gedrungen ist, ist immer wieder die Forderung erhoben worden, durch eine gezielte Förderung bzw. Kontrolle der Forschung die eigentliche Kriegsforschung zu unterbinden und das Interesse der Wissenschaftler auf Probleme hinzulenken, deren Lösung zu einer Verbesserung der menschlichen Lebensbedingungen führen können. Dabei ist zunächst die Frage noch offen, wer diese Kontrolle ausüben soll. Im wesentlichen gibt es dafür – wenn wir einmal von der unmittelbaren Kriegsforschung und der industriellen Forschung absehen – drei Möglichkeiten. Die Kontrolle kann ausgeübt werden von staatlichen Stellen, von Expertengremien oder von Gremien, deren Zusammensetzung sich an dem Leitbild demokratischer Mitbestimmung orientiert.

Wegen des vorwiegend gesellschaftspolitischen Zieles einer derartigen Forschungslenkung liegt es nahe, in erster Linie an demokratisch zusammengesetzte Entscheidungsgremien zu denken. Für die Forschung an den Universitäten hätte eine derartige Regelung zur Folge, daß die Planung von Forschungsprogrammen durch Gremien zu erfolgen hätte, die sich nach bestimmten Paritäten aus den an der Universität vertretenen Gruppen zusammensetzen. Dabei wurde, insbesondere hinsichtlich der Mitbestimmung der Studenten darauf hingewiesen, daß die fehlende wissenschaftliche Kompetenz der Studenten zu einer Verminderung der Effektivität der Hochschulforschung führen könnte. Dagegen ist das Argument vorgebracht worden, daß die Kontrolle durch die Gesellschaft, die hier durch die verschiedenen universitären Gruppen repräsentiert ist, nicht eigentlich Kompetenz voraussetzt, sondern die Wissenschaftsplanung final von deren möglichen Auswirkungen auf die Gesellschaft her lenken will. Dafür seien aber in erster Linie demokratisch zusammengesetzte Gremien zuständig. Ein möglicher Verlust an Effektivität der Forschung durch mangelhafte Kompetenz müsse daher notfalls in Kauf genommen werden.

Ich möchte versuchen, die eben angeschnittenen Fragen, ob nämlich eine demokratische Forschungslenkung wichtiger ist als die Effektivität der Forschung und ob in der Forschungsplanung nicht vollständig kompetente Gremien unvermeidbar sind oder nicht – in der folgenden Diskussion auszuklammern. Statt dessen möchte ich zunächst einmal die Vorfrage stellen, ob eine Lenkung der physikalischen Forschung, die sich an außerwissenschaftlichen Zielsetzungen orientiert, überhaupt das jeweils angestrebte Ziel erreichen kann. Erst wenn diese Frage im positiven Sinne beantwortet ist, scheint mir eine detaillierte Diskussion der eben erwähnten Probleme möglich und sinnvoll. Darüber hinaus ist die Beantwortung dieser Frage nicht nur für die Gesellschaft als Ganzes von Interesse, sondern auch für den einzelnen Wissenschaftler, der vor die Entscheidung gestellt ist, ob er ein Forschungsergebnis, dessen potentielle Gefährlichkeit für die Menschheit er erkannt hat, überhaupt publizieren soll.

Erfahrungen über die mögliche Beeinflußbarkeit der Entwicklung der Physik als Wissenschaft liegen über einen größeren Zeitraum praktisch nicht vor. Die bisherige Geschichtsschreibung der Physik gibt im wesentlichen nur eine Rekonstruktion der Entwicklung der konkreten, heute vorliegenden Wissenschaft an, ohne im einzelnen die kausalen Zusammenhänge zu untersuchen. Es ist vorläufig nicht möglich zu sagen, wie die Physik sich entwickelt hätte, wenn Galilei sich nicht gegenüber der damals herrschenden Aristotelischen Physik durchgesetzt hätte. Alternative Entwürfe sind nicht weiter verfolgt worden, so daß nur eine einzige wissenschaftliche Physik entstanden ist. Erst in jüngster Zeit ist es möglich geworden, bedingt durch die starke Ausbreitung physikalischer Forschung in diesem Jahrhundert, alternative Ansätze wenigstens ein Stück weit zu verfolgen. In seiner kürzlich erschienenen Geschichte der Quantentheorie hat Friedrich Hund die Frage der Notwendigkeit der tatsächlichen geschichtlichen Entwicklung dieser Theorie an Hand eines umfangreichen Quellenmaterials sehr eingehend untersucht[8]. Dabei lassen sich drei, für die jeweilige Entwicklung maßgebende Komponenten deutlich unterscheiden: Erstens der Zufall, z.B. bestimmter Begegnungen, durch die Informationen vermittelt wurden, zweitens der Sachzwang, der gerade in der Physik die meisten Alternativen ausschließt und drittens der jeweilige Stand der experimentellen Technik, durch den überhaupt erst der Bereich von Fragen abgegrenzt wird, die sich empirisch beantworten lassen.

Auf Grund der genauen Kenntnisse der wissenschaftlichen Publikationen lassen sich dann hypothetische Fragen von der Art beantworten, wie die Entwicklung der Quantentheorie verlaufen wäre, wenn beispielsweise Max Planck nicht Physiker geworden wäre. Dabei zeigt sich an Hand der Untersuchungen der anderen auf benachbarten Gebieten arbeitenden Wissenschaftler, daß die Ergebnisse Plancks von anderen Forschern und aus anderen Problemstellungen heraus wenige Jahre später auch gefunden worden wären. Der Grund für dieses erstaunliche Phänomen liegt in der außerordentlich hohen Kohärenz der Physik, d.h. in der Tatsache, daß es kein Naturgesetz gibt, das von den übrigen Naturgesetzen völlig unabhängig ist. Das von Planck durch thermodynamische Überlegungen an der Hohlraumstrahlung entdeckte Wirkungsquantum hätte infolge seines universellen Charakters auch an den Seriengesetzen der Atomspektren oder an der quantenhaften Natur des Lichtes und der Röntgenstrahlung entdeckt werden können.

Diese Eigenschaft der Kohärenz physikalischer Gesetze, die hier nur an einem speziellen Beispiel erläutert werden sollte, tatsächlich

[8] Friedrich Hund, Geschichte der Quantentheorie, B-I-Hochschultaschenbücher, Bd. 200, Bibliographisches Institut, Mannheim 1967.

aber in der gesamten Physik vorhanden ist, läßt die Förderung einzelner Forschungsrichtungen nicht sehr sinnvoll erscheinen. Denn ebenso wie in dem angeführten Beispiel wird die Behinderung bzw. Förderung einer bestimmten Interessenrichtung die Entdeckung der jeweils gültigen Naturgesetze nur um einige Jahre verzögern bzw. beschleunigen. Man wird dagegen einwenden, daß Forschungsplanung auch nicht in so differenzierter Weise bestimmte Ansätze zur Entwicklung einer Theorie fördern und andere verhindern sollte, sondern daß sinnvolle Forschungsplanung sich jeweils auf ganze Gebiete beziehen muß. So könnte man etwa Elementarteilchenphysik fördern und damit in ihrer Entwicklung beschleunigen, die Astrophysik und Gravitationstheorie dagegen nicht. Ein solches Vorgehen wäre jedoch ähnlich kurzsichtig. Denn was oben über die Kohärenz einer einzelnen Theorie gesagt worden ist, gilt analog auch für die Physik als Ganzes. Es ist vermutlich unmöglich, über einen Zeitraum von etwa einigen Jahrzehnten hin einige Gebiete der Physik intensiv zu untersuchen und andere überhaupt nicht zu behandeln. In dem genannten Beispiel hat sich das sehr deutlich gezeigt. In den Jahren zwischen 1930 und 1960 wurden Elementarteilchentheorie und Gravitationstheorie von verschiedenen Forschergruppen untersucht, die von Ausnahmen abgesehen voneinander nur sehr wenig Notiz nahmen. Dann zeigte sich jedoch, daß für die Weiterentwicklung der Elementarteilchenphysik die Hinzuziehung der Gravitationstheorie nicht mehr zu umgehen war und daß andererseits die Gravitationstheorie die Ergebnisse der lorentzinvarianten Feldtheorien für ihre Weiterentwicklung benötigte. Im allgemeinen kommt noch hinzu, daß der jeweilige Stand der Experimentiertechnik, mit der ein bestimmtes Gebiet untersucht wird, vom Entwicklungsstand ganz anderer Gebiete, die systematisch gesehen sehr weit entfernt sein können, abhängt.

Die angeführten Beispiele sollen illustrieren, in welchem Sinne die oben gemachte Bemerkung zu verstehen ist, daß die Förderung einzelner Gebiete der Physik letztlich kurzsichtig ist. Zwar kann man durchaus einige Jahre und vielleicht auch Jahrzehnte hindurch bestimmte Forschungsrichtungen besonders intensiv betreiben, auf Grund der inneren Kohärenz der gesamten Physik kommt aber notwendig einmal ein Zeitpunkt, von dem an andere Gebiete behandelt werden müssen, um auf dem gewünschten Sektor überhaupt weiter arbeiten zu können. Es ist also in Hinblick auf die Gesamtentwicklung dieser Wissenschaft nicht möglich, durch gezielte Förderung bzw.

Unterdrückung bestimmter Forschungsrichtungen die Entwicklung der Physik langfristig zu beeinflussen. Für einige Jahre oder Jahrzehnte wird das durchaus möglich sein, über längere Zeiträume hin wird der systematische Zusammenhang der Physik jedoch als Regulativ wirken. Ich vermute, daß die hier für die Physik formulierten Thesen auch Gültigkeit haben in bezug auf den gesamten Bereich naturwissenschaftlicher Forschung.

Die Ergebnisse dieser Überlegungen ermöglichen es, einige der oben formulierten Fragen konkret zu beantworten. Zunächst ist offensichtlich, daß die gezielte Forschungsförderung, wie sie einerseits von militärischer Seite, andererseits von der Industrie aus betrieben wird, von der Interessenrichtung dieser beiden Gruppen her betrachtet, durchaus sinnvoll ist. Denn die langfristige Entwicklung der Wissenschaft steht hier nicht zur Diskussion, und ein durch planmäßige Förderung gewonnener Vorsprung von einigen Jahren auf bestimmten Gebieten der Physik und Technik kann von entscheidender Bedeutung sein. Das gilt sowohl für die Kriegsforschung politisch rivalisierender Staaten als auch für die zweckorientierte und wirtschaftlich auf Absicherung durch Patente angewiesene Industrieforschung.

Dagegen ist eine Kontrolle bzw. Förderung der Naturwissenschaft durch die Gesellschaft, die die wissenschaftliche Forschung langfristig beeinflußt und damit auch gesellschaftspolitisch relevant ist, auf Grund der eben angedeuteten Überlegungen wegen des systematischen Zusammenhanges aller naturwissenschaftlichen Gesetze und Phänomene nicht möglich. Die Frage, ob eine derartige Forschungskontrolle durch staatliche Organe oder demokratisch zusammengesetzte Gremien ausgeübt werden soll, wird damit gegenstandslos. Das bedeutet natürlich nicht, daß eine Einflußnahme der Gesellschaft auf die Forschungsplanung überhaupt überflüssig ist. Sie ist vielmehr wegen der hohen Kosten naturwissenschaftlicher Forschung immer notwendig. Aber sie muß sich an konkreten und vergleichsweise kurzfristigen Zielvorstellungen orientieren, die im wesentlichen wirtschaftlicher oder bildungspolitischer Natur sein werden.

Zusammenfassung

Ich komme zum Schluß und fasse zusammen: Die möglichen Einflüsse der Gesellschaft auf die Naturwissenschaft lassen sich in zwei Gruppen aufteilen.

1. Ein unmittelbarer Einfluß gesellschaftlicher Strukturen bzw. damit verbundener Ideologien auf die Theorienbildung in der Physik ist bisher weder festgestellt worden, noch ist er zu erwarten. Es gibt wegen der Konsistenz von Syntax und Semantik in der Physik keinen echten Theorienpluralismus. Die einzige Möglichkeit für einen solchen Pluralismus, nämlich die Freiheit in der Wahl der Syntax, führt lediglich auf einen empirisch irrelevanten Scheinpluralismus.

2. Ein mittelbarer Einfluß der Gesellschaft auf die Naturwissenschaft durch gezielte Forschungsförderung ist nur kurzfristig möglich. Über einen längeren Zeitraum wird infolge des systematischen Zusammenhanges aller naturwissenschaftlichen Phänomene ein möglicher Vorsprung eines Gebietes stets ausgeglichen.

6. GIBT ES EINE GESCHICHTE DER PHYSIK?[1]

I. Die physikalische Forschung als der Versuch einer intellektuellen und mathematischen Erfassung des Naturgeschehens ist wie jede menschliche Aktivität einer historischen Betrachtung zugänglich. In diesem Sinne ist die im Titel dieses Aufsatzes formulierte Frage eindeutig positiv zu beantworten. Eine immer größer werdende Zahl von Publikationen, in denen nicht nur eine genaue Datierung der einzelnen Entdeckungen vorgenommen wird, sondern in denen insbesondere die Zusammenhänge der verschiedenen Ergebnisse untersucht werden, zeigt darüber hinaus, daß eine wissenschaftliche Geschichtsschreibung der Physik tatsächlich existiert. Da diese Disziplin auch institutionell durch Forschungsinstitute, Lehrstühle und Fachzeitschriften repräsentiert ist, so erscheint die oben formulierte Frage in jeder Hinsicht positiv zu beantworten zu sein und keinen Anlaß zu weiteren Überlegungen zu geben.

Als Gegenstand der wissenschaftlichen Geschichtsschreibung wird die physikalische Forschung unter einer Reihe von Aspekten behandelt, die eine Ordnung des historischen Geschehens im Sinne eines kausalen Zusammenhanges ermöglicht. Wichtige Gesichtspunkte, die hier zur Anwendung gebracht werden, sind die von Entwurf und Verwirklichung, von Anstrengung und Erfolg, von Erwartung und Enttäuschung. Die Anwendung dieser zum Teil anthropomorphen Aspekte auf jede Form der menschlichen Aktivität, also auch auf die wissenschaftlich-physikalische Forschung, ist zweifellos möglich. Damit sie jedoch sinnvoll und für die historische Betrachtung fruchtbar wird, muß ein gewisser Spielraum für die einzelnen Ereignisse existieren, d.h. eine Anzahl von Möglichkeiten, von denen aus Gründen, die im einzelnen untersucht werden müssen, nur eine tatsächlich verwirklicht worden ist.

---

[1] Aufsatz, erschienen in „Die wissenschaftliche Redaktion“, Heft 7, S. 40 (1972), Festschrift für Otto Mittelstaedt, Hrsg. Michael Wegner, Bibliographisches Institut, Mannheim.

Dieser Raum an Freiheit, der für Ereignisse des politischen, des wirtschaftlichen und weite Bereiche des kulturellen Lebens sehr groß und oft gar nicht genau abgrenzbar ist, wird für die einzelnen physikalischen Entdeckungen und theoretischen Konzeptionen in entscheidender Weise durch den zwischen diesen Entdeckungen bestehenden sachlichen Zusammenhang eingeschränkt. Daß ein gewisser Sachzwang auch bei anderen Ereignissen existiert, ist unbestritten, wie etwa die Geschichte der geographischen Entdeckungen zeigt. Wir werden jedoch sehen, daß im Falle der Physik der sachliche Zusammenhang der einzelnen Ereignisse besonders intensiv ist. Geht man aber zunächst einmal nur davon aus, daß die einzelnen Fakten, die entdeckt werden können, ebenso wie in der Entdeckungsgeschichte der Erde, feststehen, schon ehe sie entdeckt worden sind, so bleibt immerhin ein gewisser Spielraum in der Wahl der Begriffe, mit denen die angeblichen Fakten der Physik überhaupt erst formuliert werden können, und ebenso in der Wahl der Gegenstände, die man überhaupt einer wissenschaftlichen Untersuchung unterzieht. Diese Freiheit in der Wahl der Begriffe und Gegenstände scheint aber die Möglichkeit einer eigentlichen historischen Betrachtung physikalischer Entdeckungen zu eröffnen und gleichzeitig den Anschluß der Geschichte der Physik an die allgemeinen Geistesgeschichten zu ermöglichen.

II. Die Bedingung, unter der die Anwendung der erwähnten historischen Aspekte auf einen Gegenstandsbereich möglich und sinnvoll ist, ist also ein gewisser Spielraum in den einzelnen, zu dem jeweiligen Bereich gehörenden Ereignissen, der im Falle der Physik durch die Freiheit in der Wahl der Untersuchungsobjekte und der verwendeten Wissenschaftssprache bzw. der zu dieser Sprache gehörenden Begriffe besteht. Damit aufeinanderfolgende Ereignisse der Physikgeschichte überhaupt im eigentlichen Sinne historisch interpretiert werden können, ist es daher notwendig, daß zwischen ihnen weder ein strenger Determinismus noch eine strenge Finalität besteht. In beiden Fällen wäre die Erörterung von historisch möglichen Alternativen zur wirklichen Geschichte eine Diskussion von Scheinproblemen.

Gerade die sachlich orientierte Erörterung von Alternativen ist es, die die historische Untersuchung der physikalischen Forschung nicht nur für den Historiker, sondern auch für den Physiker selbst interessant macht. Denn es könnte sein, daß aus Gründen, die außerhalb der Physik liegen, sachlich an sich interessante Forschungsrichtungen nicht weiter verfolgt wurden und dann später in Vergessenheit geraten sind, so daß hier die historische Forschung ganz unabhängig von ihrem eigenen wissenschaftlichen Interesse der aktuellen physikalischen Forschung wichtige Hinweise auf nicht realisierte Möglichkeiten geben könnte. Ebenso könnte eine genaue Erörterung der Geschichte der Physik die physikalische Forschung insofern vor wissenschaftlichen Sackgassen bewahren, als der historische Hinweis auf bereits erfolgte, aber vergebliche und darum häufig nicht publizierte Bemühungen den Physiker vor einer erneuten Bearbeitung eines bestimmten Problems warnen oder wenigstens skeptisch machen könnte.

Daß der Sachzwang innerhalb der Physik zu einem strengen Determinismus der Entdeckung der einzelnen Forschungsergebnisse führen könnte, wird durch die bekannte Geschichte der Physik in vielfältiger Hinsicht widerlegt. Der historische Prozeß, durch den allmählich und nach vielen Irrwegen eine bestimmte physikalische Theorie entstanden ist, ist im allgemeinen völlig verschieden von der systematischen Form, in die diese Theorie dann später nach ihrer Fertigstellung gebracht wird, und die demjenigen, der sie in dieser Form lernt, die Fiktion eines wissenschaftsökonomisch optimalen Weges suggeriert, auf dem die Theorie im Prinzip hätte gefunden werden können. Vielleicht rührt das Desinteresse vieler Physiker an der Entstehungsgeschichte ihrer eigenen Wissenschaft eben gerade von dem Umstand her, daß die Form, in die sie eine Theorie zu bringen sich bemühen, eben gerade nicht die des historischen Entstehungsprozesses ist. Die im Laufe von Generationen gewachsene Gestalt einer physikalischen Disziplin wird ohne Bedenken verändert, wenn sich dafür eine sachlich bessere Möglichkeit eröffnet. Traditionen werden, anders als in den meisten Bereichen des menschlichen Lebens, in der Physik als unnötiger Ballast über Bord geworfen, wenn sich neue und systematisch bessere Lösungen anbieten.

Diese Bemerkungen zeigen, daß eine Determinierung der einzelnen Forschungsergebnisse durch den systematischen Zusammenhang der Physik nicht nur nicht vorliegt, sondern daß zu dem aktuellen historischen Prozeß in den allermeisten Fällen konkrete Alternativen angegeben werden können, etwa die später erzielte systematische Form einer Theorie. Dagegen ist die Frage, ob die zweite der oben genannten Bedingungen der Möglichkeit von Geschichte einer Wissenschaft erfüllt ist, viel schwerer zu beantworten. Denn wenn auch die einzelnen Schritte bei der Entstehung und Entdeckung einer Disziplin nicht festgelegt sind, so ist damit noch keinesfalls bestimmt, ob diese Freiheit im Detail tatsächlich ursächlich für den weiteren Verlauf der Wissenschaftsgeschichte ist, oder ob nicht vielmehr das Endergebnis, unabhängig von den Variationen des Weges, auf dem man zu ihm gelangt, feststeht und daher die ganze Geschichte der Wissenschaft final determiniert ist.

Wir sind damit bei demjenigen Problem angelangt, auf das sich die Frage nach der Möglichkeit einer Geschichte der Physik letztlich reduziert. Denn wenn es zu den Bedingungen der Möglichkeit einer wissenschaftlich relevanten Geschichte der Physik gehört, daß bei der einzelnen physikalischen Entdeckung ein gewisser Spielraum für den jeweiligen Forscher besteht und daß diese Freiheit Konsequenzen für den weiteren Verlauf der Entwicklung hat, dann ist – da faktisch die Freiheit der einzelnen Schritte vorliegt – eine Geschichte der Physik nur dann möglich und sinnvoll, wenn nicht das Endergebnis dieser wissenschaftlichen Bemühungen schon feststeht, so wie etwa das Ergebnis der Entdeckung unbekannter Länder und Kontinente feststeht, ganz unabhängig davon auf welchen Wegen – im ganz wörtlichen Sinne – diese Länder entdeckt worden sind. Falls in diesem Sinne Physik mit der christlichen Seefahrt verglichen werden könnte, dann wäre Geschichte der Physik nicht viel mehr als die Berichterstattung über mehr oder weniger aufregende Abenteuer, die man jedoch, in Anbetracht des ohnehin feststehenden Endergebnisses, ebensogut der Vergessenheit anheimfallen lassen könnte, ohne daß dadurch der sachliche Gehalt des jeweiligen Erkannten in irgendeiner Hinsicht geschmälert werden würde.

III. Hinsichtlich des einzelnen Problems und seiner wissenschaftlichen Bearbeitung sind zu unterscheiden die Freiheit in der Wahl des zu untersuchenden Gegenstandes und die Freiheit in der Wahl der Begriffe, mit deren Hilfe das betreffende Problem überhaupt erst in einer für die Physik angreifbaren Weise formuliert wird. Besonders die Freiheit in der Wahl der Begriffe, die letztlich zu einem gewissen Spielraum hinsichtlich der verwendeten Wissenschaftssprache führt, dürfte für eine wissenschaftshistorische Untersuchung von Interesse sein. Denn die Wahl der einzelnen Begriffe bzw. die Konstruktion der wissenschaftlichen Sprache wird ganz wesentlich äußeren, nichtphysikalischen Einflüssen unterliegen und stark von anderen geistigen Strömungen sowie von ideologischen und gesellschaftlichen Vorbedingungen abhängen. Philosophische, theologische und politisch-ideologische Auffassungen und Spekulationen haben so zu allen Zeiten ihren Niederschlag in dem von der wissenschaftlichen Physik verwendeten Vokabular gefunden.

So wichtig diese Feststellungen im einzelnen auch sind, so wenig sind sie aber für das in Rede stehende Problem tatsächlich von Bedeutung. Denn die freie Wahl der Begriffe garantiert letztlich nichts anderes als eine gewisse Freiheit in der Syntax der verwendeten wissenschaftlichen Sprache, ohne daß damit schon irgend etwas über die empirische Relevanz dieser Sprache – und das heißt hier über deren Semantik – gesagt werden könnte. Gerade hier aber liegt das entscheidende Problem. Physikalische Theorien müssen nicht nur formal, und d.h. hier syntaktisch richtig aufgebaut sein, wie das von jeder mathematischen Theorie zu fordern ist, sondern sie müssen darüber hinaus so interpretierbar sein, daß sie die empirischen Gegebenheiten richtig darstellen. Die empirische Interpretation ist aber nun kein Prozeß, der einer vorhandenen Theorie willkürlich eine gewünschte Semantik auferlegt, sondern diese Interpretation muß mit der Theorie selbst in gewisser Hinsicht konsistent sein. Der Grund für diese – auf den ersten Blick etwas erstaunliche – Feststellung ist, daß die Interpretation eines Begriffs stets an einen materiellen Vorgang gebunden ist, nämlich an den Meßprozeß, mit dessen Hilfe die durch den betreffenden Begriff formulierte Größe überhaupt erst gemessen werden kann.

Meßvorgänge gehören in diesem Sinne als Mittel zur Interpretation von Begriffen methodisch nicht zur Theorie. Als physikalische Vorgänge, die sie auch sind, sind sie aber selbst Gegenstände eben der Theorie, deren Interpretation sie aber erst ermöglichen. Diese doppelte Funktion des Meßvorganges in einer physikalischen Theorie hat eine sehr wichtige Konsequenz. Einerseits nämlich bestimmen die physikalischen Gegebenheiten des Meßprozesses stets gewisse (– syntaktische) Eigenschaften des durch diesen Meßprozeß interpretierten und definierten Begriffes. Andererseits sind die physikalischen Gesetzmäßigkeiten des Meßvorganges vollständig durch die zur Diskussion gestellte physikalische Theorie bestimmt, weshalb eine Theorie, auf dem Wege über ihre empirische Interpretation, die syntaktischen Eigenschaften der Begriffe, die zu ihrer Formulierung verwendet würden, bereits in einem gewissen Umfang festlegt. Die Einschränkung – „in einem gewissen Umfang" – bedeute dabei, daß nur diejenigen syntaktischen Eigenschaften eines Begriffes auf diese Weise festgelegt werden, die empirische Relevanz besitzen, d.h., für die eine empirische Interpretation existiert.

Dieser – auch als Selbstkonsistenz bezeichnete – in allen physikalischen Theorien vorhandene Zusammenhang von Syntax und Semantik macht den Bereich deutlich, innerhalb dessen eine Freiheit in der Wahl der verwendeten Wissenschaftssprache, und das heißt in der Wahl der Grundbegriffe und deren Syntax, überhaupt besteht. Wegen der Selbstkonsistenzforderung besteht diese Freiheit nur hinsichtlich derjenigen Eigenschaften der verwendeten Begriffe, die empirisch nicht relevant sind. Man kann daher eine bestimmte Disziplin durchaus mit verschiedenen wissenschaftlichen Sprachen formulieren, die verschiedene Begriffe und verschiedene syntaktische Zusammenhänge besitzen – aber diese verschiedenartigen Formulierungen besitzen keinerlei empirische Relevanz. Der einzige hinsichtlich eines bestimmten Sachgebietes mögliche Pluralismus, nämlich die in dem genannten Umfang freie Wahl der Syntax, ist also letztlich ein empirisch irrelevanter Scheinpluralismus, der auf den materiellen, empirisch nachvollziehbaren Gehalt einer Theorie keinen Einfluß hat.

Hinsichtlich der Freiheit in der Wahl der Begriffe und der mit diesen Begriffen verbundenen Syntax läßt sich also die Geschichte der physikalischen Entdeckungen durchaus zu Recht mit der bereits oben erwähnten Geschichte der christlichen Seefahrt vergleichen. In beiden Fällen stehen die Gebiete, die man entdecken kann, samt ihren erfahrbaren Eigenschaften, vollständig fest, obgleich es eine sehr große Zahl möglicher Wege (Methoden) zu ihrer Entdeckung gibt. Von diesem Gesichtspunkt her gesehen, ist also jede einzelne Theorie von ihrem Endergebnis her auch in ihrer Entstehung final determiniert, weshalb eine Geschichte nur die mehr oder weniger zufälligen methodischen und wissenschaftssprachlichen Varianten im Aufbau der Theorie nachzeichnen kann, ohne daß die jeweils eingeschlagenen Wege letztlich Konsequenzen hinsichtlich des schließlich erreichten Endzustandes haben können.

Wenn auf Grund der eben dargestellten Überlegungen ein wirklicher Pluralismus von Theorien hinsichtlich der verwendeten Begriffssysteme nicht existiert, so könnte jedoch die oben erwähnte zweite Möglichkeit der Freiheit in der Wahl der zu untersuchenden Gegenstände ursächlich für die weitere Entwicklung und das schließlich erreichte Endergebnis sein. Man könnte sich vorstellen, daß die Entscheidung darüber, was im einzelnen erforscht werden soll, schließlich auch Konsequenzen für den ganzen weiteren Aufbau der Wissenschaft hat, ebenso wie man etwa bei der Entdeckung von Ländern und Kontinenten gewisse Gebiete systematisch erforscht und in anderen Teilen der Erde bewußt einige Länder nicht bereist. So suggestiv dieses Beispiel auch ist, so wenig trifft es jedoch den Kern der Sache. Denn die in der Entdeckungsgeschichte der Erde jedenfalls im Prinzip vorhandene Möglichkeit, gewisse Gebiete nicht zu erforschen, besteht in einer so systematisch aufgebauten Disziplin wie der Physik nicht. Denn nicht nur jede einzelne Theorie ist ein mathematisches und deduktiv aufgebautes System, das über die Ableitbarkeit der einzelnen Sätze hinaus auch noch die Selbstkonsistenzbedingung erfüllen muß, sondern die in einer Theorie vorhandene Kohärenz der einzelnen Sätze existiert auch in der Physik im ganzen. Das bedeutet, daß es auf lange Sicht hier gar nicht möglich ist, ein bestimmtes Gebiet der Physik nicht zu untersuchen, weil die dort zu erforschenden Gesetze für die Weiterentwicklung der übrigen Physik unentbehrlich sind. Man kann daher aus wirtschaftlichen, politischen oder anderen Motiven ein bestimmtes Gebiet unter Umständen für einige Zeit zurückstellen, irgendwann einmal wird der Zeitpunkt kommen, zu dem man auf dem vernachlässigten Gebiet deshalb weiterarbeiten muß, um an allen übrigen Problemen die Forschung weitertreiben zu können.

Es kommt noch ein weiterer Gesichtspunkt hinzu. Neben der durch den systematischen Zusammenhang aller physikalischen Gebiete bewirkten formalen Kohärenz aller Naturgesetze existiert noch ein weiterer Zusammenhang, der durch den materiellen Inhalt der jeweils erforschten Gesetze gegeben ist. Die empirische Verifikation eines bestimmten Gesetzes oder einer ganzen Theorie erfordert nämlich im allgemeinen experimentelle Apparaturen, deren Funktionieren durch Naturgesetze bestimmt ist, die mit den gerade untersuchten und in Frage stehenden Gesetzen nur in einem sehr losen systematischen Zusammenhang stehen. Das bedeutet aber, daß es nicht genügt, die im theoretischen Umkreis einer untersuchten Theorie wichtigen Probleme ebenfalls zu erforschen, sondern es ist darüber hinaus notwendig, sich mit der Physik derjenigen Gebiete zu befassen, die das Funktionieren der zur empirischen Verifikation der Theorie erforderlichen Geräte beschreiben. Dadurch wird ein zweiter, von der systematischen Kohärenz nahezu unabhängiger Zusammenhang der einzelnen Naturgesetze hergestellt, der es weiter erschwert, einzelne Problemkreise aus außerphysikalischen Gründen nicht zu behandeln und andere Fragen dafür um so intensiver zu erforschen.

Diese Bemerkungen zeigen, daß über längere Zeiträume hin die Freiheit, die scheinbar in jedem Augenblick hinsichtlich der Wahl des zu untersuchenden Gegenstandes besteht, letztlich auch nicht ursächlich für den weiteren Verlauf der Physik ist und für das Endergebnis, nämlich die formal und empirisch richtige Theorie, ohne Konsequenzen ist. Bezüglich der Gegenstände, die in der Physik erforscht und entdeckt werden, liegt also eine ähnliche Situation vor wie bei der Begriffsbildung und der damit verbundenen Wissenschaftssprache: In jedem Augenblick der Geschichte der Physik besteht eine gewisse Freiheit in der Wahl der zu untersuchenden Probleme, ohne daß diese Freiheit sich über längere Zeiträume hin ursächlich auf die Gesamtentwicklung auswirkt. Der oben gebrauchte Vergleich mit der Entdeckungsgeschichte der Erde ist also insofern unzutreffend, als man zwar die Entdeckung Amerikas für einige Zeit hätte zurückstellen können, ohne die übrige Erforschung der Erde merklich zu beeinflussen, aber die Untersuchung eines Gebietes der Physik – etwa die Maxwellsche Theorie des Elektromagnetismus – nicht ohne wesentliche Auswirkungen für die weitere Physikgeschichte hätte unberücksichtigt lassen können.

Die Physik ließe sich vom Gesichtspunkt ihrer Entstehung und Entdeckung her viel eher mit einem großen und komplizierten Puzzle vergleichen, dessen einzelne Steine keineswegs in einer bestimmten Reihenfolge in das Gesamtbild eingefügt werden müssen, die aber andererseits auf so vielfältige Weise miteinander zusammenhängen, daß man nicht einfach einige Steine auslassen kann, ohne dadurch den Überblick über die weitere Entwicklung völlig zu verlieren. Ebenso wie bei einem Puzzle ist in der Physik der Entfaltung der individuellen Interessen und Fähigkeiten ein weites Feld geöffnet, und es mag durchaus für denHistoriker von Interesse sein zu fragen, warum dieses komplizierte System in der einen und nicht in der anderen Weise zusammengesetzt worden ist. Einflüsse der verschiedensten Art können hier zum Tragen kommen. Das Endergebnis all dieser Bemühungen ist jedoch gänzlich unabhängig von den zahlreichen möglichen Wegen, auf denen es schließlich erreicht worden ist. In diesem Sinne ist die Entwicklung der Physik auch hinsichtlich ihres Inhalts final vom Ergebnis her bestimmt und determiniert.

IV. Die im Titel dieses Aufsatzes formulierte Frage, ob es eine Geschichte der Physik gibt, läßt sich aufgrund der dargestellten Überlegungen insofern beantworten, als für die Freiheiten und die Notwendigkeiten, die für die Entwicklung dieser Wissenschaft bestimmend sind, gewisse Grenzen angegeben werden konnten. Die Freiheit bei der Bearbeitung und Erforschung eines einzelnen Problems besteht einerseits in der freien Wahl der Begriffe und ihrer Syntax, andererseits in der freien Wahl des Forschungsgegenstandes selbst. Der Spielraum in der Wahl der Begriffe scheint ähnlich zu sein wie der in allen schöpferischen Bereichen des geistigen Lebens, der Spielraum in der Wahl des Gegenstandes dagegen erinnert an die Freiheit bei der Erforschung unbekannter Länder. Beide Vergleiche sind jedoch nicht eigentlich zutreffend. Der in der Wissenschaftssprache mögliche Pluralismus ist infolge der Selbstkonsistenz aller Theorien ein empirischer irrelevanter Scheinpluralismus, während die Freiheit in der Wahl des Forschungsgegenstandes wegen der der Physik eigenen inneren Kohärenz und finalen Determiniertheit ohne Konsequenzen auf das Endergebnis ist.

Daraus folgt, daß das einzelne wissenschaftliche Ereignis, die Entdeckung eines neuen Phänomens oder die Konzeption einer neuartigen Theorie durchaus unter historischen Kategorien betrachtet werden kann. Der für jedes individuelle Forschungsergebnis zur Verfügung stehende Spielraum ermöglicht es durchaus, Einflüsse der verschiedensten Art aus dem politischen, wirtschaftlichen und kulturellen Leben anzuführen, die für die Gewinnung des betreffenden Ergebnisses maßgeblich gewesen sind. Von der Gesamtentwicklung der Physik als Wissenschaft her gesehen, gibt es jedoch eine eigentliche Geschichte insofern nicht, als das schließlich erreichbare Endergebnis feststeht, und nur die einzelnen Schritte, durch die dieses große Puzzle zusammengesetzt wird, gewissen Variationen unterliegen können. Aus diesem Grunde ist ein aus der wissenschaftlichen Fragestellung der Physik selbst herrührendes Interesse dieser Disziplin an ihrer eigenen Entstehungsgeschichte auch kaum vorhanden. Ohne ein über die Physik hinausreichendes Interesse an der geistigen Entwicklung der Menschheit und an den Wechselwirkungen, die zwischen dem geistigen Leben und den politischen, wirtschaftlichen und gesellschaftlichen Verhältnissen bestehen, wäre daher eine Beschäftigung mit der Geschichte der Physik nur von geringem Interesse.

7. DIE SPRACHE DER PHYSIK[1]

Einleitung

Die Sprache der Physik ist eine präzisierte und vollständig interpretierte Sprache, die einem Begriffssystem entspricht. Sie ermöglicht die Formulierung der physikalischen Theorien und stellt über die Interpretation der Begriffe den Zusammenhang zwischen Theorie und Experiment her. Diese Sprache der Physik ist zu unterscheiden von der nicht präzisierten und nur unvollkommen gedeuteten Erläuterungssprache, in der üblicherweise die physikalischen Lehrbücher abgefaßt sind. Zwar sind die meisten Wörter aus der Umgangssprache oder einer daraus entwickelten Bildungssprache entnommen, ihre Bedeutung im Kontext der Physik ist aber durch terminologische Fortsetzungen bestimmt, die nur sehr wenig mit den Bedeutungen zu tun haben, die die betreffenden Wörter innerhalb der zahlreichen Verwendungsmöglichkeiten einer natürlichen Sprache besitzen. Dazu kommt, daß die Sprache der Physik, obwohl sie bisher nicht durchgehend formalisiert wurde, durch die umfangreiche Verwendung mathematischer Kalküle doch wesentliche Züge einer Formalsprache besitzt. Wir haben es daher mit einer teilweise formalisierten, im übrigen durch terminologische Festsetzungen präzisierten Wissenschaftssprache zu tun, die zur Formulierung physikalischer Gesetze und Theorien verwendet werden kann.

In einer Wissenschaft, deren Theorien in einer exakten und vollständig interpretierten Sprache formuliert werden können, ist eine Reflexion auf die sprachlichen Bedingungen der Möglichkeit wissenschaftlicher Erkenntnis von größter Bedeutung. Die Grenzen der Möglichkeit sprachlicher Formulierungen bestimmen hier wesentlich die Grenzen der wissenschaftlichen Erkenntnis selbst. Die beiden Grundlagenkrisen, die die Physik in diesem Jahrhundert bei der Entdeckung der Relativitätstheorie und der Quantentheorie erfahren hat, rührten eben daher, daß das Begriffssystem der klassisch-physikali-

[1] Aufsatz, erschienen in „Quanten und Felder", Festschrift für Werner Heisenberg, Hrsg. H. P. Dürr, S. 27, Friedr. Vieweg u. Sohn, Braunschweig 1971.

schen Sprache nicht ausreichte, um die in diesen Theorien formulierten Phänomene sprachlich zu erfassen. Eine Analyse der sprachlichen Bedingungen physikalischer Erkenntnis muß daher die dem jeweiligen Begriffssystem zugrunde liegenden Voraussetzungen bewußt machen und die durch diese Voraussetzungen implizierten Grenzen der Möglichkeit der begrifflichen Erfassung der Erfahrung explizit aufzeigen.

Der Zusammenhang zwischen einer in der wissenschaftlichen Sprache der Physik formulierten Theorie und den empirischen Tatsachen ist keineswegs einfach. Die durch Meßvorschriften operativ eingeführten Definitionen der Begriffe bestimmen in einer formalen Sprache deren syntaktische Eigenschaften, während die zugehörige Semantik durch den Bezug zum Experiment hergestellt wird. Da diese Verbindung ebenfalls durch Meßvorgänge hergestellt werden muß, lassen sich Syntax und Semantik einer physikalischen Theorie nicht isoliert behandeln. Sie sind vielmehr durch eine genaue Analyse des Meßvorganges auf das engste miteinander verbunden, der in physikalischen Theorien stets eine doppelte Funktion besitzt: Einerseits dient der Meßprozeß der operativen Definition derjenigen Begriffe, mit denen die wissenschaftliche Sprache aufgebaut ist, und gehört damit methodisch nicht zur Theorie; andererseits ist aber der Meßprozeß ein realer physikalischer Vorgang und als solcher selbst Gegenstand der vollständigen Theorie. Dadurch, daß ein und derselbe Vorgang sowohl Voraussetzung als auch Ergebnis einer Theorie ist, besitzt die Sprache der Physik eine in anderen Formalsprachen unbekannte zyklische Struktur, die als Selbstkonsistenz bezeichnet wird.

Aus dieser Eigenschaft ergeben sich einige weitere Besonderheiten der physikalischen Wissenschaftssprache. Da die Grundbegriffe der Sprache operativ durch Meßvorgänge definiert werden, so sind die Grenzen der Möglichkeit sprachlicher Formulierungen begründet in den möglicherweise nicht vollständig erkannten Eigenschaften eben dieser Meßvorgänge. Da diese Meßvorgänge andererseits aber als physikalische Prozesse betrachtet selbst Gegenstand der zu formulierenden Theorie sind, so besteht die Möglichkeit, aus den Erkenntnissen dieser Theorie heraus das Wissen über die Meßvorgänge zu revidieren und zu vervollständigen. Auf diese Weise wird die einer Theorie zugrunde gelegte Sprache hintergehbar. Tatsächlich hat die Entwicklung der Physik in den letzten Jahrzehnten gezeigt, daß die durch die sprachlichen Möglichkeiten gegebenen Grenzen der wissenschaftlichen Erkenntnis nicht absolut sind, sondern daß die jeweilige Begriffssprache über eine Analyse der definierenden Meßvorgänge hintergehbar und revidierbar ist. Eine Erweiterung der physikalischen Erkenntnisse ist daher stets begleitet von einer solchen Erweiterung der sprachlichen Möglichkeiten, daß gerade diese Erkenntnisse formulierbar werden.

Die in einer Theorie formulierten wissenschaftlichen Erkenntnisse werden im allgemeinen von der Sprache, in der die betreffende Theorie formuliert ist, abhängig sein. Es ist Aufgabe einer sprachkritischen Analyse, diese Abhängigkeiten bewußt zu machen und dadurch die möglicherweise vorhandenen sprachunabhängigen Erkenntnisse von den abhängigen zu trennen. Durch die in physikalischen Theorien mögliche Rückkopplung der wissenschaftlichen Erkenntnisse mit der zugrunde liegenden Sprache kann ein Pluralismus verschiedener Wissenschaftssprachen weitgehend ausgeschlossen werden. Dieser auf der Selbstkonsistenz physikalischer Theorien basierende Beweis der Unizität der verwendeten Sprache sichert eine Theorie insofern sprachkritisch ab, als eine Abhängigkeit der Ergebnisse der Theorie von der selbstkonsistenten Sprache dann nicht mehr vorliegt. Die Objektivität physikalischer Erkenntnisse beruht wesentlich auf dieser Möglichkeit, die Sprache der Physik kritisch abzusichern.

I. Der Aufbau der Syntax

a) Begrifflich-operative Definition

Die Untersuchung der Struktur der wissenschaftlichen Sprache der Physik muß mit der Frage beginnen, wie die in dieser Sprache verwendeten Begriffe definiert werden können. Um dem Exaktheitsanspruch der Physik zu genügen, müssen die Grundbegriffe so scharf definiert sein, daß aus diesen Definitionen und zusätzlichen, aus der Erfahrung stammenden Prämissen die Sätze der jeweiligen Theorie in Strenge hergeleitet werden können. Darüber hinaus müssen die Begriffe quantitativ faßbar sein, um eine mathematische Physik, die sich zur Herleitung ihrer Resultate mathematischer Kalküle bedient, zu ermöglichen. Schließlich müssen die zu definierenden Begriffe, da sie zur Formulierung empirischer Sachverhalte Verwendung finden sollen, von vornherein in geeigneter Weise auf die Erfahrung bezogen sein.

Die genannten drei Forderungen der Exaktheit, der Mathematisierbarkeit und der empirischen Relevanz lassen sich erfüllen, wenn die Definition der Grundbegriffe der Physik operativ durch Vorgänge erfolgt, die man auch als Meßvorgänge für die zu definierenden Begriffe bezeichnet. Die Exaktheit solcher operativer Definitionen kann durch eine hinreichend genaue Abgrenzung des betreffenden Meßvorganges gegenüber anderen Vorgängen erfolgen. Da die verwendeten Meßvorgänge weiterhin quantitativ angelegt sind, sind die so definierten Begriffe auch quantitativ faßbar, woraus sich die Möglichkeit einer mathematischen Physik ergibt. Schließlich ist die Bezogenheit der operativ definierten Begriffe auf die Erfahrung von vornherein sichergestellt, da die operativen Definitionen mit realen, allerdings mehr oder weniger idealisierten Vorgängen erfolgen.

An dieser Stelle ist eine Differenzierung notwendig. Die Kennzeichnung von Meßverfahren, die zur operativen Definition von Grundbegriffen verwendet werden können, kann auf zwei verschiedene Weisen erfolgen. Man kann entweder den betreffenden Vorgang durch eine Anzahl von Forderungen, denen er zu gehorchen hat, charakterisieren, oder man kann einen bestimmten, exemplarisch gegebenen Vorgang auswählen und zur Definition eines Begriffes verwenden. Im ersten Fall, in dem der Meßvorgang durch bestimmte Forderungen gekennzeichnet ist, wollen wir von einer *begrifflich-operativen* Definition sprechen, im zweiten Fall, in dem der Vorgang durch exemplarischen Aufweis gegeben ist, von einer *empirisch-operativen* Definition. Während die Realisierung der durch exemplarischen Aufweis gegebenen Vorgänge kein Problem darstellt, enthalten die für begrifflich-operative Definitionen erforderlichen Meßvorgänge möglicherweise Idealisierungen, deren Berechtigung noch genauer geprüft werden muß. Wir befassen uns daher zunächst mit den begrifflich-operativen Definitionen.

Die durch bestimmte Postulate festgelegten Meßverfahren für begrifflich-operative Definitionen müssen empirisch realisierbar sein. Da bei der Konstituierung der Grundbegriffe noch keine wissenschaftliche Sprache existiert, in der man die empirische Möglichkeit oder Unmöglichkeit eines Vorganges ausdrücken könnte, muß sich die Feststellung der empirischen Realisierbarkeit eines Meßvorganges auf eine qualitative Kenntnis der vorwissenschaftlichen Erfahrung beziehen. Diese Kenntnisse sind dabei in einer terminologisch noch nicht präzisierten Umgangssprache formuliert und sind daher weder exakt noch quantitativ faßbar. Die in dieser Umgangssprache formulierten Erfahrungen mit den Vorgängen und Gegenständen der unmittelbaren menschlichen Umwelt wollen wir als *vorwissenschaftliche Erfahrung* bezeichnen. Damit sind Feststellungen von der Art gemeint, daß es unterscheidbare und diskrete Dinge gibt, daß diese Dinge Veränderungen unterliegen können, daß es Bewegungen gibt usw. Dazu gehören auch die Erfahrungen, daß es nahezu unveränderliche „starre" Körper gibt, und daß gewisse Gegenstände feste, stets wiederkehrende Eigenschaften besitzen. Der Gültigkeitsbereich dieser Erfahrungen ist auf die unmittelbare menschliche Umwelt beschränkt, da nur sie durch die alltägliche Umgangssprache adäquat erfaßt werden kann.

Von einem Vorgang, der durch begrifflich festgelegte Eigenschaften definiert ist und der für die begrifflich-operative Definition eines physikalischen Grundbegriffes verwendbar sein soll, muß also verlangt werden, daß er in Hinblick auf diese vorwissenschaftliche Erfahrung möglich ist. Damit ist gemeint, daß die allgemeinen, qualitativen Züge der vorwissenschaftlichen Erfahrung nicht notwendig den betreffenden Vorgang ausschließen. Es ist aber damit nicht gemeint, daß man den definierenden Vorgang real mit völliger Genauigkeit ausführen kann, sondern nur, daß man sich im Prinzip vorstellen kann, daß der untersuchte Vorgang mit beliebiger Genauigkeit hergestellt werden könnte. So wird man sicher niemals eine Bewegung herstellen können, bei der ein Körper sich exakt auf einer geraden Linie bewegt. Es existieren aber im Rahmen der vorwissenschaftlichen Erfahrung keine Gründe für die Annahme, daß die Geradlinigkeit der Bahn nicht mit beliebig großer Genauigkeit verwirklicht werden kann.

Durch die Postulate, die einen Vorgang, der für eine begrifflich-operative Definition brauchbar ist, kennzeichnen, wird der betreffende Begriff exakt und quantitativ faßbar definiert. Das Maß an Exaktheit einer solchen Definition orientiert sich an der Schärfe, mit der diese Postulate formuliert sind. Der entsprechende reale Vorgang wird dagegen nur um so genauer als Meßprozeß für den betrachteten Begriff angesehen werden können, je genauer die den Meßvorgang kennzeichnenden Postulate realisiert sind. Da auf Grund der soeben formulierten Voraussetzungen die Realisierung der Postulate mit beliebiger Genauigkeit möglich ist, so kann jedenfalls im Prinzip ein realer Vorgang gedacht werden, der als Meßvorgang für den exakten Begriff Verwendung finden kann.

b) Die Syntax der Primärsprache

Mit Hilfe der begrifflich-operativ definierten Grundbegriffe einer Theorie und den aus diesen durch explizite Definitionen gebildeten weiteren Begriffen läßt sich eine erste Sprache zur Erfassung der physikalischen Wirklichkeit aufbauen, die wir auch *Primärsprache* nennen wollen. Diese Primärsprache ist in dem oben erläuterten Sinne exakt und auf die Wirklichkeit bezogen. Die Meßvorgänge, die die Begriffe der Primärsprache zu definieren und zu messen erlauben, wollen wir als *primäre Meßvorgänge* bezeichnen. Primäre Meßvorgänge sind durch Forderungen gekennzeichnet, durch die andererseits einige Eigenschaften der zu definierenden Begriffe bereits von vornherein bestimmt sind. Sätze über Begriffe, die sich in dieser Weise aus den Vorschriften zur Herstellung der primären Meßvorgänge ergeben, bezeichnen wir als *a-priori* gültig. Durch diese Sätze ist die Verwendung der Begriffe in der Primärsprache festgelegt, so daß sich also eine a-priori gültige *Syntax* der Primärsprache angeben läßt.

Diese Syntax der Primärsprache – die man häufig auch als *Protophysik* bezeichnet – ist nicht in einem absoluten Sinne a-priori gültig, sondern die Sätze der Protophysik folgen aus den Postulaten, durch die die primären Meßvorgänge gekennzeichnet sind. Da aber diese Postulate nicht völlig willkürlich sein dürfen, sondern bezogen auf die vorwissenschaftliche Erfahrung möglich sein sollen, so sind es letztlich die für diese Möglichkeit verantwortlichen Eigenschaften der vorwissenschaftlichen Erfahrung, die die Sätze der Protophysik zur Folge haben. Wir können daher sagen, daß die Syntax der Primärsprache in dem Sinne a-priori gültig ist, daß sich ihre Sätze aus den vorwissenschaftlichen Bedingungen der Möglichkeit wissenschaftlichen Sprechens über die Erfahrung ergeben. Um einen vermeintlichen und nicht aufrechtzuerhaltenden Absolutheitsanspruch der Protophysik zu vermeiden, ist es daher zweckmäßig, die für die Syntax der Primärsprache verantwortlichen qualitativen Eigenschaften der vorwissenschaftlichen Erfahrung explizit zu reflektieren.

Die begrifflich-operative Definition der Grundbegriffe und die Formulierung der für diese Begriffe geltenden Syntax sind die ersten Schritte zum Aufbau einer physikalischen Theorie. Die Gesamtheit der a-priori gültigen syntaktischen Sätze bildet zunächst eine Rahmentheorie, die noch durch empirische Sätze ergänzt werden muß. Im Gegensatz zu den Sätzen der vorwissenschaftlichen Erfahrung, die mit Hilfe der Umgangssprache formuliert sind, sind die hier gemeinten empirischen Sätze in den Begriffen der Theorie formuliert. Wir bezeichnen diese in den Begriffen der Theorie formulierte Erfahrung als *wissenschaftliche Erfahrung*. Zusammen mit der a-priori gültigen Syntax erhält man aus den Sätzen der wissenschaftlichen Erfahrung die eigentliche physikalische Theorie. Aus dieser Theorie lassen sich dann exakte, quantitativ formulierte Sätze herleiten, die innerhalb des Anwendungsbereiches der Begriffe der Theorie sämtlich empirisch richtig sind. Der Begründungszusammenhang wird in den einzelnen Sätzen der Theorie allerdings verschieden sein. Im allgemeinen wird ein empirisch richtiger Satz sowohl empirische als auch apriorische Bestandteile enthalten.

In einigen Fällen wird der angedeutete Aufbau einer Theorie in etwas komplizierterer Form vor sich gehen. Verschiedene Begriffe – z.B. der Begriff der trägen Masse in der Mechanik – lassen sich erst dann operativ definieren, wenn über die definierenden Vorgänge auch Aussagen mit Hilfe der wissenschaftlichen Erfahrung gemacht werden können[2]. Man wird daher mit den zu Anfang definierten Grundbegriffen zunächst einige Erfahrungssätze formulieren, die es ermöglichen, mit Hilfe weiterer Meßverfahren weitere Begriffe zu definieren usw. Durch diesen stufenweisen Aufbau, der in der schematischen Darstellung (Abb. 1) in einem Schritt angegeben ist, wird die ursprünglich rein apriorische Syntax schrittweise durch empirische Bestandteile angereichert und erweitert. Die scharfe Trennung zwischen einer apriorischen Protophysik und einer auch empirische Elemente enthaltenden vollständigen Theorie wird daher in vielen Fällen sehr kompliziert sein. Die klassische Mechanik ist ein besonders durchsichtiges Beispiel für eine solche komplexe Struktur.

Da jeder a-priori gültige Satz der Protophysik natürlich auch empirisch richtig ist, könnte es sein, daß einige Sätze einer Theorie, die zunächst für empirisch gehalten wurden, sich bei einer genaueren Analyse als a-priori gültig erweisen. Da eine Entscheidung darüber, ob ein bestimmter richtiger Satz apriorisch oder empirisch ist, in vielen Fällen sehr schwierig ist und teilweise noch gar nicht gefällt werden konnte, ist die Frage von Bedeutung, wie weit eine apriorische Syntax mindestens entwickelt werden muß, um damit eine Theorie formulieren zu können, die einen vorgegebenen Bereich von Phäno-

[2] P. Mittelstaedt: Klassische Mechanik, Bibliographisches Institut, Mannheim 1970, S. 50f.

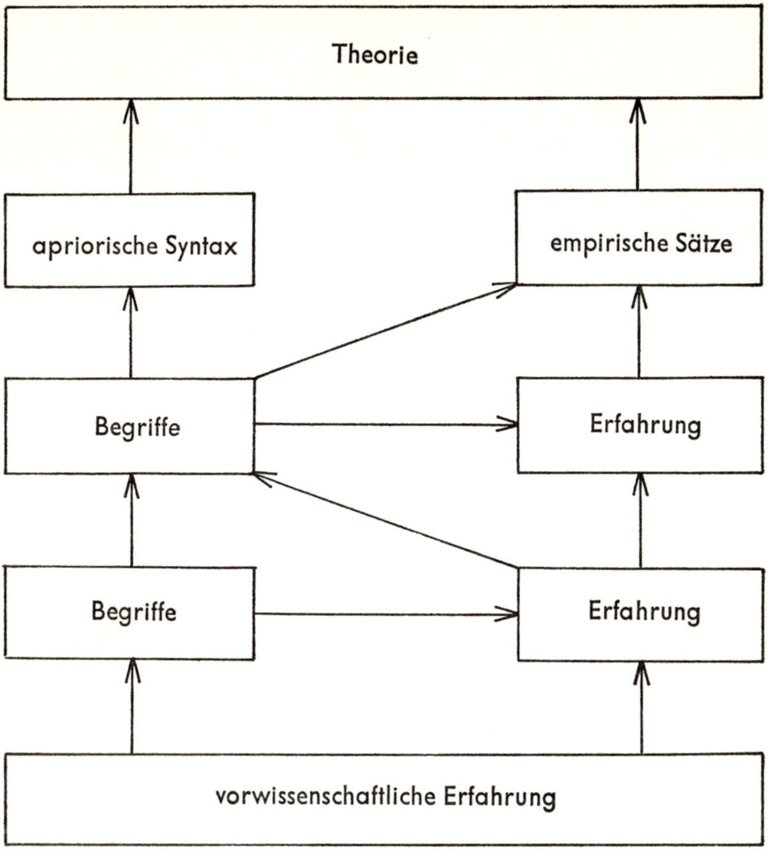

Abb. 1

menen vollständig erfaßt. Aus den Bemerkungen über den stufenweisen Aufbau einer Theorie geht hervor, daß die Primärsprache jedenfalls so weit entwickelt sein muß, daß damit ein sinnvolles Sprechen über diejenigen einfachsten Erfahrungstatsachen möglich ist, mit deren Hilfe aus geeigneten Meßvorgängen die Eigenschaften weiterer und neuer Begriffe ermittelt werden können. Es muß also in jedem Fall möglich sein, die für die Weiterentwicklung der Theorie tatsächlich oder nur vermeintlich notwendigen Erfahrungstatsachen in den Begriffen der Theorie selbst zu formulieren. Ob ein bestimmter syntaktischer Satz, zu dessen Herleitung Sätze der wissenschaftlichen Erfahrung verwendet wurden, sich bei genauerem Hinsehen als apriorisch erweist, ist dagegen von geringerer Bedeutung und für Exaktheit und Richtigkeit der konstruierten Theorie nicht von Belang.

c) Empirisch-operative Definitionen

Neben der Möglichkeit, die Grundbegriffe einer physikalischen Theorie durch begrifflich-operative Definitionen zu kennzeichnen, besteht noch die andere Möglichkeit, empirisch-operative Definitionen zu verwenden. Die definierenden Meßvorgänge sind hier nicht durch bestimmte Forderungen bestimmt, deren empirische Realisierbarkeit noch in Hinblick auf die vorwissenschaftliche Erfahrung zu prüfen wäre, sondern sie sind durch exemplarischen Aufweis gegeben. Um Mißverständnisse zu vermeiden, sei betont, daß es sich bei einem exemplarischen Vorgang nicht um ein einmaliges individuelles Ereignis handelt, da für die praktische Handhabung die Wiederholbarkeit und Reproduzierbarkeit von entscheidender Bedeutung ist. Man wird als definierende Meßvorgänge einer empirisch-operativen Definition vielmehr mehrere, durch bestimmte Merkmale gekennzeichnete Vorgänge, die sich reproduzieren lassen, verwenden. So könnte man etwa, nachdem die Längenmessung definiert ist, die Zeitmessung durch die Ausbreitung von Lichtstrahlen festlegen. Damit ist nicht gemeint, daß ein individueller Lichtstrahl, den man über längere Zeiten gar nicht verfolgen könnte, als Uhr Verwendung finden soll, sondern daß beliebige Lichtstrahlen unter ähnlichen äußeren Bedingungen dazu bewegt werden können.

Das Verfahren der empirisch-operativen Definitionen ist schon deshalb nicht unproblematisch, weil zunächst keine Maßstäbe existieren, um zu überprüfen, ob ein bestimmter Vorgang tatsächlich die für einen primären Meßvorgang erforderlichen Merkmale in Strenge erfüllt. Ob solche Merkmale nahezu vorliegen, wird man im Rahmen des vorwissenschaftlichen Erfahrungswissens entscheiden können, die quantitative und exakte Überprüfung wird aber erst im Kontext der vollständigen Theorie möglich sein. Weiterhin ist offen, ob ein bestimmter Vorgang, der eine Anzahl von Merkmalen besitzt, auch tatsächlich immer der gleiche ist. So ist es, um im obigen Beispiel zu bleiben, für die Lichtausbreitung im Vakuum tatsächlich nur wesentlich, daß man jeweils Licht erzeugt, unabhängig davon, welche Frequenz, d.h. Farbe, es besitzt. Hätte man jedoch für die Zeitmessung statt Licht die Ausbreitung von Schallwellen verwendet, so wäre auch unter gleichen äußeren Bedingungen die Frequenz, d.h. die Tonhöhe von Bedeutung. Es hängt also bei empirisch-operativen Definitionen sehr viel vom Geschick und der Erfahrung des einzelnen Physikers ab, solche Meßprozesse auszuwählen, die durch wenige einfache Merkmale gekennzeichnet werden können, die sich dann auch im Kontext der vollständigen Theorie als ausreichend erweisen.

Unabhängig von der Schwierigkeit Meßverfahren zu finden, die durch vergleichsweise unempfindliche Kriterien charakterisiert werden können, tritt bei den empirisch-operativen Definitionen noch ein weiteres, für die Theorienbildung wesentliches Problem auf. Da die primären Meßvorgänge hier nicht durch Postulate gekennzeichnet sind, die sie jedenfalls approximativ erfüllen müssen, so ist über die Meßvorgänge und damit über die mit diesen Meßvorgängen erzielten Ergebnisse vor einer Messung noch nichts bekannt. Das hat insbesondere zur Folge, daß man die Eigenschaften der empirisch-operativ definierten Grundbegriffe nur empirisch ermitteln kann, weshalb es hier keine a-priori gültige Syntax der Primärsprache mehr gibt. Alle syntaktischen Zusammenhänge dieser Sprache sind bereits empirisch, weshalb in einer Theorie mit empirisch-operativ definierten Grundbegriffen eine Differenzierung in eine protophysikalische Rahmentheorie und eine eigentliche, auch empirische Elemente enthaltende Theorie nicht mehr sinnvoll ist.

Im Gegensatz zu einer aus begrifflich-operativ definierten Begriffen aufgebauten Primärsprache treten bei Verwendung von empirisch-operativen Definitionen die Probleme der Vollständigkeit und der empirischen Realisierbarkeit der Sprache nicht auf. Die Vollständigkeit kann jederzeit durch Hinzunahme von neuen Vorgängen als definierende Meßvorgänge erreicht werden, falls die vorhandenen Begriffe zur Beschreibung eines bestimmten Phänomens nicht ausreichen. Die Realisierbarkeit ist deshalb kein Problem, weil die exemplarischen Vorgänge zunächst real gegeben sind und erst später zum Zwecke der Reproduzierbarkeit durch einige an diesen Vorgängen festgestellten Merkmale gekennzeichnet werden. Diese offensichtlichen Vorteile empirisch-operativer Primärsprachen haben dazu geführt, daß besonders in der modernen Physik die meisten Theorien in einer empirischen Primärsprache formuliert sind. Der Preis, den man für diese Vorteile zahlt, ist allerdings der Verzicht auf die Möglichkeit einer Reflexion auf die sprachlichen Voraussetzungen wissenschaftlicher physikalischer Erkenntnisse.

II. Der Aufbau der Semantik

a) Die sprachkritische Sicherung der Primärsprache

Die Primärsprache einer physikalischen Theorie ist mit operativ definierten Grundbegriffen aufgebaut. Je nachdem, ob die Definitionen begrifflich oder empirisch sind, werden die konstitutiven oder die empirischen Eigenschaften der primären Meßvorgänge für die Syntax der Primärsprache und damit auch für die Theorie selbst von Bedeutung sein. Man wird daher zu fragen haben, inwieweit die Sätze einer physikalischen Theorie abhängig sind von der Sprache, in der diese Theorie formuliert ist. Bei begrifflich-operativ definierten Begriffen besteht der Verdacht, daß durch die Willkür bei der Aufstellung der Postulate zur Kennzeichnung der primären Meßvorgänge ein konventionelles Moment in die Theorie hineingetragen wird. Bei Theorien mit empirisch-operativ definierten Begriffen werden dagegen die zufälligen empirischen Eigenschaften der primären Meßvorgänge einen Einfluß auf die Struktur und die Ergebnisse der jeweiligen Theorie besitzen.

Von den hier betrachteten Theorien wollen wir stets voraussetzen, daß sie empirisch richtig sind. Im Rahmen der bisher eingeführten Begriffsbildungen bedeutet das, daß die wissenschaftliche Erfahrung in korrekter Weise beim Aufbau der Theorie berücksichtigt wurde[3]. Eine Theorie ermöglicht es über die Herleitung einzelner Theoreme hinaus, einen *Begründungszusammenhang* zwischen verschiedenen empirischen Phänomenen herzustellen. Konkret bedeutet das, daß sich komplizierte Vorgänge mit Hilfe einfacher Gesetze und Vorgänge *erklären* lassen und daß sich zukünftige aus vergangenen und gegenwärtigen Ereignissen *vorausberechnen* lassen, wenn die Theorie Aussagen über den zeitlichen Verlauf von empirischen Systemen macht. Überall dort, wo die Theorie Zusammenhänge zwischen empirisch relevanten Sätzen behauptet, sollen diese Zusammenhänge auch empirisch nicht widerlegbar sein.

Neben den einzelnen Sätzen einer Theorie, die bisher nur durch die Forderung der empirischen Richtigkeit eingeschränkt sind, werden

---

[3] Die Frage, wie diese empirische Richtigkeit einer Theorie überprüft bzw. erreicht werden kann, soll zunächst zurückgestellt werden. Zu ihrer Beantwortung ist eine eingehendere Untersuchung des Meßvorganges erforderlich.

insbesondere die von einer Theorie behaupteten Begründungszusammenhänge in starkem Maße von der verwendeten Primärsprache und deren Syntax abhängig sein. Um einem Konventionalismus, der sich auf die Möglichkeit alternativer sprachlicher Formulierungen berufen könnte, zu begegnen, ist es notwendig, über die bisher formulierten Kriterien der Exaktheit und der empirischen Richtigkeit hinaus die verwendete Primärsprache insofern kritisch abzusichern, als sie sich neben anderen Alternativen als die einzige mögliche Primärsprache erweist. Nur durch den Nachweis einer solchen Unizität der Primärsprache könnte die Objektivität der von der Theorie behaupteten Sachverhalte gesichert werden. Man würde dadurch der physikalischen Theorienbildung eben jene sprachkritische Sicherheit geben, die sie unabhängig macht von den historisch und individuell verschiedenen Ausgangspositionen des einzelnen Physikers, der eine Theorie konzipiert bzw. ausarbeitet.

Eine derartige kritische Sicherung der Primärsprache ist, wie die folgenden Überlegungen noch zeigen werden, nur möglich, wenn man neben den syntaktischen auch die semantischen Eigenschaften eines Begriffes betrachtet. Die Semantik der Primärsprache macht Aussagen über die Bedeutung der verschiedenen, im Rahmen der Primärsprache begrifflich-operativ oder empirisch-operativ eingeführten Grundbegriffe bzw. der daraus durch explizite Definitionen hergeleiteten Begriffe. Unter Bedeutung ist dabei stets die empirische Bedeutung zu verstehen, d.h. die Gesamtheit der Eigenschaften eines Begriffes im Rahmen der – in der Primärsprache formulierten – wissenschaftlichen Erfahrung. Diese wissenschaftlich empirischen Eigenschaften eines Begriffs können durch einen Meßvorgang, der auf den betreffenden Begriff bezogen ist und ihn quantitativ zu bestimmen gestattet, ermittelt werden. Zur Unterscheidung von den oben eingeführten primären Meßvorgängen, die zur operativen Definition eines Begriffes verwendet werden und deren Merkmale konstitutiv für dessen syntaktische Eigenschaften sind, wollen wir hier von *sekundären Meßvorgängen* sprechen. Sekundäre Meßvorgänge sind Vorgänge im Rahmen einer vollständigen Theorie bzw. der wissenschaftlichen Erfahrung, die mit anderen Vorgängen in Wechselwirkung treten und dadurch deren quantitative „Messung" ermöglichen. Während die primären Meßvorgänge die Syntax einer Primärsprache festlegen, ist deren Semantik durch die sekundären Meßvorgänge bestimmt.

Die Unterscheidung in primäre und sekundäre Meßvorgänge ist zunächst eine rein begriffliche Differenzierung, die sich auf die verschiedenen Funktionen bzw. Eigenschaften eines Meßvorganges bezieht. Es ist auf Grund der bisher vorgenommenen Definitionen nicht zu erkennen, ob es sich bei dieser Klassifizierung um eine Einteilung der Meßvorgänge in zwei disjunkte Klassen handelt. Zunächst besteht durchaus noch die Möglichkeit, daß ein und derselbe Vorgang sowohl zur Definition als auch zur Messung eines Begriffes verwendet werden kann. Andererseits existieren gewichtige Argumente dafür, daß die beiden Klassen echt voneinander verschieden sind und daß sich die Verschiedenheit nicht nur auf die Funktion des betrachteten Vorganges beschränkt. Die primären Meßvorgänge müssen ihrer Definition nach möglich sein in Hinblick auf die vorwissenschaftliche Erfahrung, während die sekundären Meßvorgänge selbst zur wissenschaftlich formulierten Erfahrung gehören. Es ist daher sicherlich sinnvoll, vorläufig die Einteilung in primäre und sekundäre Meßvorgänge beizubehalten und erst zu einem späteren Zeitpunkt zu entscheiden, ob diese Klassifizierung wirklich relevant ist oder nicht.

b) Die Selbstkonsistenz einer Theorie

Die oben formulierte Voraussetzung, daß die hier betrachteten Theorien empirisch richtig sind, besagt, daß die von der Theorie gemachten Aussagen übereinstimmen mit den entsprechenden Sachverhalten der wissenschaftlichen Erfahrung. Diese Übereinstimmung wird festgestellt mit Hilfe von realen Vorgängen, die durch die betrachteten Phänomene so beeinflußt werden können, daß dadurch eine quantitative Messung bestimmter Größen möglich ist. Diese Vorgänge sind die oben eingeführten *sekundären Meßvorgänge*, durch die die Semantik der jeweils betrachteten Theorie bestimmt ist.

Es ist vorläufig noch offen, ob die für die Semantik und die empirische *Verifikation* einer bestimmten Theorie notwendigen sekundären Meßprozesse – als physikalische Vorgänge betrachtet – selbst Gegenstand der Theorie sind, oder ob sie im Rahmen einer anderen Theorie behandelt werden. Um einen systematischen Aufbau der Sprache der Physik zu ermöglichen, wollen wir hier die methodische Forderung aufstellen, daß alle sekundären Meßvorgänge, die zur empirischen Überprüfung der Aussagen einer bestimmten Theorie notwendig sind, – als physikalische Vorgänge betrachtet – selbst mit Hilfe der Theorie beschreibbar sein sollen. Sekundäre Meßprozesse, die in dieser

Weise zu der Theorie gehören, deren empirische Verifikation und Interpretation sie ermöglichen, bezeichnen wir auch als *theorieimmanent.* So sollen etwa die Gesetze der Mechanik mit Geräten überprüft werden, deren Verhalten im Rahmen der klassischen Mechanik beschrieben werden kann, nicht aber mit Hilfe von Radarmessungen, da diese hinsichtlich der Mechanik nicht theorieimmanent sind und zur Elektrodynamik gehören. Eine Theorie, die alle zu ihrer Verifikation und Interpretation erforderlichen sekundären Meßvorgänge selbst erfaßt, und somit eine empirische Überprüfung aller ihrer Aussagen durch theorieimmanente Meßprozesse ermöglicht, bezeichnen wir als *semantisch abgeschlossen.*

Trotz der Wichtigkeit der genannten methodischen Forderung für den systematischen Aufbau einer Theorie bzw. der zur Formulierung der Theorie erforderlichen Sprache darf nicht übersehen werden, daß die meisten formal und thematisch abgeschlossenen Theorien der Physik nicht semantisch abgeschlossen im obigen Sinne sind. So wird man etwa der klassischen Elektrodynamik eine gewisse formale und thematische Geschlossenheit nicht absprechen können. Sie ist jedoch keine semantisch abgeschlossene Theorie. Die empirische Bedeutung eines elektrischen und eines magnetischen Feldes besteht in der Wirkung, die diese Felder auf geladene und bewegte Massenpunkte ausüben. Durch diese Wirkungen werden die betreffenden Felder quantitativ ausgemessen und damit die Aussagen der Theorie empirisch überprüft. Reale, nahezu punktartige geladene Massen, etwa Elektronen oder Protonen, sind aber selbst nicht Gegenstand der Elektrodynamik. Ihre Existenz bzw. Stabilität ist im Gegenteil im Rahmen der Elektrodynamik allein überhaupt nicht zu verstehen, weshalb hier notwendig andere, nicht zur Elektrodynamik gehörende Gesetzmäßigkeiten hinzukommen müssen.

Es ist eine noch offene Frage, ob überhaupt eine Theorie, die nur ein Teilgebiet der Physik erfaßt, in dem hier präzisierten Sinne semantisch abgeschlossen werden kann. Zwar ist es meist das Ziel der theoretischen Bemühungen, neben der empirischen Richtigkeit auch die semantische Abgeschlossenheit der betreffenden Theorie zu erreichen, es ist jedoch nicht sicher, ob dieses Ziel in den verschiedenen Einzeltheorien tatsächlich erreicht worden ist. Es könnte sein, daß durch den engen Zusammenhang aller Teilgebiete die Physik nur als Ganze in dem genannten Sinn als semantisch abgeschlossene Theorie formuliert werden kann. An den grundsätzlichen Überlegungen ändert sich dadurch jedoch nichts. Wir wollen daher im folgenden stets annehmen, daß es semantisch abgeschlossene Theorien gibt, und für die konkrete Diskussion die verbreitete Auffassung akzeptieren, daß etwa die nichtrelativistische Quantentheorie und die allgemeine Relativitätstheorie durch theorieimmanente Meßvorgänge semantisch abgeschlossen werden können.

Ist eine Theorie semantisch abgeschlossen, so sind alle zu ihrer Interpretation und Verifikation erforderlichen sekundären Meßvorgänge theorieimmanent, d.h. als physikalische Vorgänge betrachtet selbst Gegenstände der Theorie. Die für die begrifflich-operativen Definitionen der Grundbegriffe erforderlichen primären Meßvorgänge sind dagegen durch Postulate gekennzeichnet, die zunächst nur im Rahmen der vorwissenschaftlichen Erfahrung realisierbar sein sollen. Damit ist gemeint, daß reale physikalische Vorgänge gefunden werden können, die die durch die Postulate geforderten Eigenschaften im Rahmen des Gültigkeitsbereiches der vorwissenschaftlichen Erfahrung, d.h. in den raumzeitlichen Dimensionen der unmittelbaren menschlichen Umwelt, besitzen. Wir wollen annehmen, daß diese Realisierung der Postulate der primären Meßvorgänge möglich ist durch solche physikalischen Vorgänge, die hinsichtlich der betrachteten Theorie theorieimmanent sind. Dann müssen sich im Rahmen dieser Theorie die für einen primären Meßprozeß charakteristischen Postulate als physikalische Eigenschaften desjenigen Vorganges erweisen, durch den der Meßprozeß realisiert ist. Das wird jedenfalls in demjenigen Bereich der wissenschaftlichen Erfahrung zutreffen, der mit dem Gültigkeitsbereich der vorwissenschaftlichen Erfahrung übereinstimmt.

Die oben vorausgesetzte empirische Richtigkeit der untersuchten Theorie ermöglicht es jedoch, das Vorliegen derjenigen Eigenschaften, die den definierenden Postulaten des primären Meßvorgangs entsprechen, auch in solchen Dimensionen zu überprüfen, die den Gültigkeitsbereich der vorwissenschaftlichen Erfahrung weit überschreiten. Falls die den Postulaten des primären Meßvorgangs entsprechenden Eigenschaften exakte und überall vorliegende Eigenschaften des den Meßvorgang realisierenden physikalischen Vorganges sind, d.h. nicht eingeschränkt sind auf den Definitionsbereich der primärsprachlichen Begriffe, wollen wir die betreffende Theorie als *selbstkonsistent* bezeichnen. Die durch die Postulate geforderten Eigenschaften der primären Meßvorgänge erweisen sich dann im Kontext der vollständigen Theorie als exakte physikalische Eigenschaften des entsprechenden realen Vorganges.

Die *Selbstkonsistenz* einer Theorie folgt nicht schon aus den bisher formulierten, von einer Theorie zu erfüllenden Postulaten der Exaktheit, der empirischen Richtigkeit und der semantischen Abgeschlossenheit, sondern sie ist eine von diesen Forderungen unabhängige Eigenschaft, die eine Theorie besitzen kann oder auch nicht. Sie ist auch keine notwendige, von einer sinnvollen Theorie zu fordernde Eigenschaft, also keine Norm, der die existierenden Theorien sich anzugleichen hätten, sondern eine strukturelle Besonderheit einiger konkret vorliegender Theorien. Die Selbstkonsistenz drückt aus, daß die Primärsprache und deren Syntax vollständig durch theorieimmanente Vorgänge empirisch realisiert werden können, daß also die der Formulierung einer Theorie zugrunde liegende Syntax semantische Relevanz besitzt. Gleichbedeutend damit ist die Feststellung, daß die zur Definition der Grundbegriffe einer Theorie erforderlichen primären Meßvorgänge zugleich *sekundäre, theorieimmanente* Vorgänge sind, daß also kein über die Funktion hinausgehender Unterschied zwischen primären und sekundären Meßvorgängen besteht.

Während die Theorieimmanenz eines sekundären Meßvorganges durch geeignete Erweiterungen der betrachteten Theorie stets erreicht werden kann, ist die exakte Realisierbarkeit der primären Meßvorgänge durch reale Prozesse durchaus nicht selbstverständlich. Die primären Meßvorgänge müssen in Hinblick auf die qualitativen Eigenschaften der vorwissenschaftlichen Erfahrung möglich sein. In dem Bereich, in dem die Primärsprache sinnvoll zur Formulierung der wissenschaftlichen Erfahrung verwendet werden kann, wird auch die wissenschaftliche Erfahrung diese qualitativen Eigenschaften besitzen, so daß die primären Meßvorgänge dort auch hinsichtlich der wissenschaftlichen Erfahrung empirisch realisierbar sind. In dem Maße, in dem man den Erfahrungsbereich der vorwissenschaftlichen Erfahrung, also die unmittelbare menschliche Umwelt, überschreitet, wird aber auch die Gewißheit dafür schwinden, die qualitativen Eigenschaften der vorwissenschaftlichen Erfahrung in der – hier stets als empirisch richtig vorausgesetzten – wissenschaftlichen Erfahrung bzw. der dazu gehörenden Theorie weiterhin vorzufinden. Da die durch Postulate gekennzeichneten primären Meßvorgänge nur möglich sein müssen in bezug auf die genannten qualitativen Eigenschaften der vorwissenschaftlichen Erfahrung, so kann es vorkom-

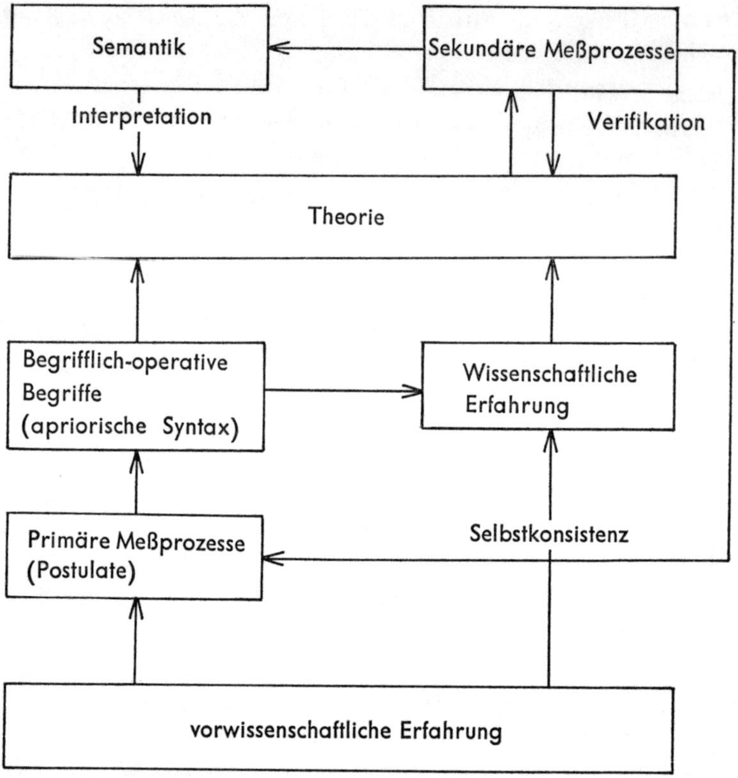

Abb. 2

men, daß ein primärer Meßvorgang in Bereichen, die sich hinreichend stark von der menschlichen Umwelt unterscheiden – etwa in kosmischen oder atomaren Dimensionen –, nicht mehr empirisch realisierbar ist. Der durch einen solchen primären Meßvorgang operativ definierte Begriff kann dann zwar nach wie vor zur Formulierung der Theorie verwendet werden, er besitzt aber in den genannten Dimensionen keine empirische Bedeutung mehr.

Theorien, deren primäre Meßvorgänge auch möglich sind im Rahmen der in der Primärsprache formulierten wissenschaftlichen Erfahrung – die also im obengenannten Sinne selbstkonsistent sind –, bezeichnen wir auch als *klassische Theorien*. Das wesentliche Kennzeichen einer klassischen Theorie ist, daß die an der unmittelbaren menschlichen Umwelt orientierte Begriffsbildung und die damit gebildete Primärsprache im Rahmen der wissenschaftlichen Erfahrung empirisch realisierbar ist. Die theoretische Formulierung von Phänomenen, die der menschlichen Umwelt angehören, ist daher sicher eine klassische Theorie. Nach unseren heutigen Kenntnissen sind aber auch *nur* die Theorien der makroskopischen, terrestrischen Umwelt klassisch. Da diese Theorien wegen ihres begrenzten Gültigkeitsbereiches sicher nicht *empirisch richtig* in dem oben präzisierten Sinne sind, gibt es vermutlich keine überall empirisch richtige, klassische Theorie.

Trotzdem sind die klassischen Theorien von strukturellen Gesichtspunkten aus von großem Interesse, da sie die einfachsten physikalischen Theorien darstellen und auch für den Aufbau der modernen physikalischen Theorien als anzustrebende Norm verwendet werden. Außerdem fallen viele konkret vorliegende Theorien – die klassische Mechanik, die klassische Elektrodynamik, die klassische Gravitationstheorie usw. – unter diesen Begriff. Die Struktur einer klassischen Theorie ist in Abb. 2 dargestellt. Sie entspricht in ihrem unteren Teil dem in Abb. 1 angegebenen Aufbau einer Theorie mit begrifflich-operativ definierter Primärsprache. Die Semantik der Theorie ergibt sich dann zunächst aus den theorieimmanenten sekundären Meßvorgängen, die sich aber wegen der vorausgesetzten Selbstkonsistenz als identisch mit den der Primärsprache zugrunde liegenden primären Meßvorgängen erweisen.

c) Die Hintergehbarkeit der Primärsprache

Eine Theorie ist nicht selbstkonsistent, wenn die in der vorwissenschaftlichen Erfahrung vorausgesetzten qualitativen Eigenschaften sich in der wissenschaftlichen Erfahrung nicht, oder jedenfalls nicht im gesamten Erfahrungsbereich reproduzieren lassen. Die zur Definition der Grundbegriffe erforderlichen primären Meßprozesse existieren dann zum Teil gar nicht im Sinne einer exakten wissenschaftlichen Erfahrung. Diejenigen Begriffe der Primärsprache, zu deren begrifflich-operativer Definition solche nicht durchgängig realisierbaren Meßvorgänge gehören, besitzen dann eine empirische Bedeutung nur in dem engen Erfahrungsbereich der unmittelbaren menschlichen Umwelt. Das gleiche gilt von gewissen syntaktischen Strukturen, die sich aus den Postulaten zur Herstellung der primären Meßvorgänge ergeben, die also in dem oben erklärten Sinne a-priori gültig sind in bezug auf eine vorgegebene Primärsprache. Solche Strukturen – z.B. bestimmte Invarianzeigenschaften – können in nicht selbstkonsistenten Theorien ohne empirische Relevanz, vom Gesichtspunkt des beobachtenden Experimentators gesehen, also verborgene und empirisch nicht nachweisbare Eigenschaften sein.

Solche empirisch nicht realisierbaren Bestimmungsstücke einer Theorie – und das können sowohl einzelne Meßgrößen als auch syntaktische Strukturen sein – bezeichnet man auch als *verborgene Parameter*. Theorien mit verborgenen Parametern spielen in der Diskussion um die erkenntnistheoretische Bedeutung der Theorien der modernen Physik eine bedeutsame Rolle. Sie werden allerdings selten zum Zwecke der praktischen Berechnung von Naturerscheinungen verwendet. Der Grund dafür ist, daß in solchen Theorien zwei Arten von Begriffen existieren – die beobachtbaren Größen und die verborgenen Parameter –, die nur durch eine explizite Theorie der sekundären Meßvorgänge voneinander getrennt werden können. Ein aus der Theorie gewonnenes Resultat muß also jeweils mit Hilfe der Theorie des Meßprozesses daraufhin untersucht werden, ob es empirisch relevant ist oder nicht. Dadurch sind Theorien mit verborgenen Parametern für den praktischen Gebrauch oft ungeeignet. Die zu ihrer Verwendung erforderliche Theorie der sekundären Meßvorgänge ist zudem kaum wesentlich einfacher als die betrachtete Theorie selbst, da Meßvorgänge im allgemeinen sehr komplizierte physikalische Prozesse sind, deren theoretische Verfolgung häufig die Kenntnis der gesamten Theorie erfordert.

Man kann diese Schwierigkeiten, die bei nichtklassischen Theorien auftreten, wenn man sie mit Hilfe verborgener Parameter konstruiert, beseitigen und die Theorie in eine für den *praktischen Gebrauch* geeignetere Form bringen. Dazu ist es nötig, alle nicht materiell realisierbaren Begriffe, also die verborgenen Parameter, aus der Theorie zu eliminieren. Soweit die Theorie nicht überhaupt redundante Bestandteile enthält, kann man die verborgenen Parameter allerdings nicht einfach aus der Formulierung der Theorie weglassen, da diese sonst unvollständig würde. Man muß vielmehr die verborgenen Parameter mit Hilfe solcher Begriffe eliminieren, die auf Grund der Theorie bzw. der wissenschaftlichen Erfahrung empirisch realisierbar sind. Diese realisierbaren Begriffe lassen sich durch sekundäre Meßvorgänge empirisch-operativ definieren, da sie voraussetzungsgemäß empirisch realisierbar sein müssen. Der für die Elimination der verborgenen Parameter durch beobachtbare Größen erforderliche Zusammenhang der beiden Größenarten ergibt sich daher aus der mit Hilfe verborgener Parameter formulierten physikalischen Theorie derjenigen Vorgänge, die als sekundäre Meßvorgänge zur empirisch-operativen Definition der beobachtbaren Größen Verwendung finden.

Man erhält auf diese Weise eine Theorie, die nur noch beobachtbare Größen enthält. Die sekundären, und das heißt die realen Meßvorgänge, dienen zur empirisch-operativen Definition derjenigen Begriffe, mit deren Hilfe die Theorie formuliert ist. Da diese Meßvorgänge zugleich – als physikalische Vorgänge betrachtet – theorieimmanent sind, ist eine solche Theorie beobachtbarer Größen stets selbstkonsistent. Da die definierenden Meßvorgänge nicht durch Postulate bestimmt sind, sondern nur exemplarisch gegeben sind, ist die Selbstkonsistenz der Theorie oft nicht explizit formuliert. Sie kommt erst dann zum Ausdruck, wenn man mit Hilfe der vollständigen Theorie die definierenden Meßvorgänge behandelt und aus der Theorie dieser Meßvorgänge einige Eigenschaften der mit diesen Meßvorgängen definierten Begriffe herleitet. Diese aus der Theorie der Meßprozesse hergeleiteten Eigenschaften bilden dann die Syntax derjenigen Theorie beobachtbarer Größen, mit deren Hilfe die Meßvorgänge theoretisch untersucht wurden. In Abb. 3 ist diese zyklische Struktur

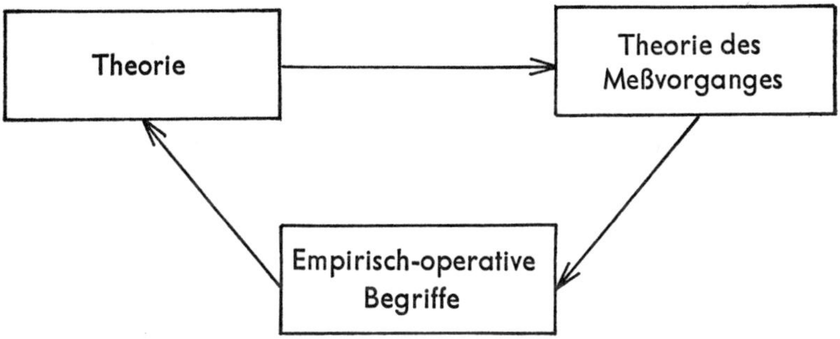

Abb. 3

einer selbstkonsistenten Theorie beobachtbarer Größen schematisch dargestellt. Der Meßvorgang erfüllt hier eine doppelte Funktion: Methodisch ist er eine Voraussetzung und physikalisch ein Ergebnis der Theorie.

Durch die Elimination der verborgenen Parameter mit Hilfe der empirisch-operativ definierten Begriffe verzichtet man in einer Theorie beobachtbarer Größen auf die Möglichkeit einer Reflexion auf die sprachlichen Bedingungen der Möglichkeit der Erkenntnis. Der Grund für diese Einengung des sprachkritischen Bewußtseins ist die bessere praktische Verwendbarkeit einer Theorie, die nur Verknüpfungen zwischen beobachtbaren Größen enthält. Dagegen ist auch solange nichts einzuwenden, als die operative Basis einer solchen Theorie bekannt ist und gegebenenfalls für wissenschaftstheoretische Überlegungen zur Verfügung steht. In der Vergangenheit wurde jedoch dieser Unterbau sehr häufig als ein überflüssiger metaphysischer Ballast angesehen, von dem man sich möglichst vollständig zu befreien habe. Besonders durch Einstein wurde die später weitgehend akzeptierte Auffassung vertreten, daß die einzig sinnvolle Form einer physikalischen Theorie eine Theorie beobachtbarer Größen sei.

Diese Auffassung war zur Zeit der Entdeckung der Relativitätstheorie und der Quantenmechanik besonders bedenklich, da diese Theorien von vornherein als Theorien beobachtbarer Größen konzipiert worden waren und somit gar keine operative Basis existierte, die man für eine wissenschaftstheoretische Diskussion hätte heranziehen können. Erst viele Jahrzehnte nach der Aufstellung dieser Theorien, als sie sich längst empirisch bewährt hatten, gelang es in einigen Fällen, die vorliegenden Theorien beobachtbarer Größen aus operativ aufgebauten Theorien mit verborgenen Parametern durch Elimination aller unbeobachtbaren Bestandteile herzuleiten. Diese historische Reihenfolge der Entstehung der verschiedenen Theorien ist insofern etwas erstaunlich, als der Weg zur Auffindung einer Theorie beobachtbarer Größen eigentlich über eine Theorie mit verborgenen Parametern hätte gehen sollen. Tatsächlich ergibt sich aus der in Abb. 3 dargestellten zyklischen Struktur für die Konstruktion einer Theorie beobachtbarer Größen die Schwierigkeit, daß man die aus der Theorie des Meßvorganges folgenden allgemeinen Eigenschaften der Grundbegriffe der Theorie erst dann kennt, wenn man bereits über die vollständige Theorie verfügt, zu deren Formulierung andererseits aber diese Grundbegriffe und deren syntaktische Eigenschaften erforderlich sind.

Eine nicht selbstkonsistente Theorie liegt vor, wenn die zur Formulierung der Primärsprache vorausgesetzten qualitativen Eigenschaften der vorwissenschaftlichen Erfahrung sich im Kontext der vollständigen Theorie für die wissenschaftlich formulierte Erfahrung nicht als zutreffend erweisen. Man kann dann auf Grund der bisherigen Überlegungen diese Theorie entweder in der dargestellten Form belassen und die Existenz von empirisch nicht relevanten Größen in Kauf nehmen, oder man kann durch Verzicht auf primärsprachliche Basis zu einer Theorie beobachtbarer Größen übergehen. Beide Lösungen sind möglich, aber unbefriedigend. Im ersten Fall werden durch die unbeobachtbaren Bestandteile der Theorie Strukturen vorgetäuscht, die empirisch gar nicht realisierbar sind. Im zweiten Fall wird zugunsten der empirischen Relevanz auf die sprachkritische Reflexion verzichtet. Es ist daher wichtig, auf eine dritte Möglichkeit der Formulierung einer Theorie genauer einzugehen, die weder auf die durchgehende empirische Relevanz der Primärsprache und die damit verbundene Selbstkonsistenz noch auf die begrifflich-operative Definition der primärsprachlichen Begriffe verzichtet.

Die Tatsache, daß die vorwissenschaftliche Erfahrung und die ihr zugeschriebenen vermeintlichen qualitativen Eigenschaften im Kontext der vollständigen Theorie auf ihre Richtigkeit und auf ihren Gültigkeitsbereich überprüft werden können, ermöglicht eine Revision des vorwissenschaftlichen Erfahrungswissens. Falls nämlich die ursprünglich angenommenen qualitativen Eigenschaften der vorwissenschaftlichen Erfahrung sich insofern als falsch im Sinne der wissenschaftlichen Erfahrung erweisen, als diese Eigenschaften nur im Bereich der unmittelbaren menschlichen Umwelt vorliegen, in allen darüber hinausgehenden Dimensionen aber nicht mehr vorhanden sind, kann man aus dem besseren und genaueren wissenschaftlichen Erfahrungswissen solche qualitativen Eigenschaften der Erfahrung entnehmen, die nicht nur in den Dimensionen der menschlichen Umwelt, sondern überall Gültigkeit haben. Die Revision des vorwissenschaftlichen Erfahrungswissens besteht dann darin, daß von den umgangssprachlich formulierten, qualitativen Eigenschaften der vorwissenschaftlichen Erfahrung nur diejenigen verwendet werden, die sich auch im Rahmen der primärsprachlich formulierten wissenschaftlichen Erfahrung als überall vorliegend erweisen.

Die Revidierbarkeit der vorwissenschaftlichen Erfahrung hat zur Folge, daß auch die Primärsprache nicht absolut ist, sondern auf ihre Berechtigung hin überprüft werden kann. Die Primärsprache bildet zwar jeweils das sprachliche und syntaktische Fundament der betreffenden Theorie, sie ist jedoch von der vollständigen Theorie bzw. der wissenschaftlichen Erfahrung her *hintergehbar* und revidierbar. Durch den Ausbau der wissenschaftlichen Theorien findet so – historisch gesehen – ein ständiger *Lernprozeß* statt, der immer wieder zu einer Revision der Primärsprache führt, die ihrerseits in einer erweiterten Einsicht in die Struktur der wissenschaftlichen Erfahrung begründet ist. Die mit einer derartig revidierten Primärsprache formulierte Theorie ist dann in dem erweiterten Anwendungsbereich der Primärsprache wieder selbstkonsistent. In Abb. 4 ist die Struktur einer zunächst nicht selbstkonsistenten Theorie sowie ihre durch Revision der vorwissenschaftlichen Erfahrung und der Primärsprache entstehende selbstkonsistente Erweiterung dargestellt.

In bezug auf das revidierte, erweiterte vorwissenschaftliche Erfahrungswissen sind andere und insofern verallgemeinerte primäre Meßvorgänge möglich, als diese in dem erweiterten vorwissenschaftlichen Erfahrungsbereich realisierbar sind. Die ursprünglichen primären Meßvorgänge sind dagegen in dem erweiterten Erfahrungsbereich nur näherungsweise realisierbar. Mit Hilfe derjenigen Postulate, durch die die verallgemeinerten primären Meßvorgänge bestimmt sind, lassen sich dann wieder die Eigenschaften der durch diese Meßvorgänge definierten Begriffe herleiten. Die durch diese Begriffe gebildete Sprache wollen wir zur Unterscheidung von der ursprünglichen Primärsprache als *Sekundärsprache* bezeichnen. Analog

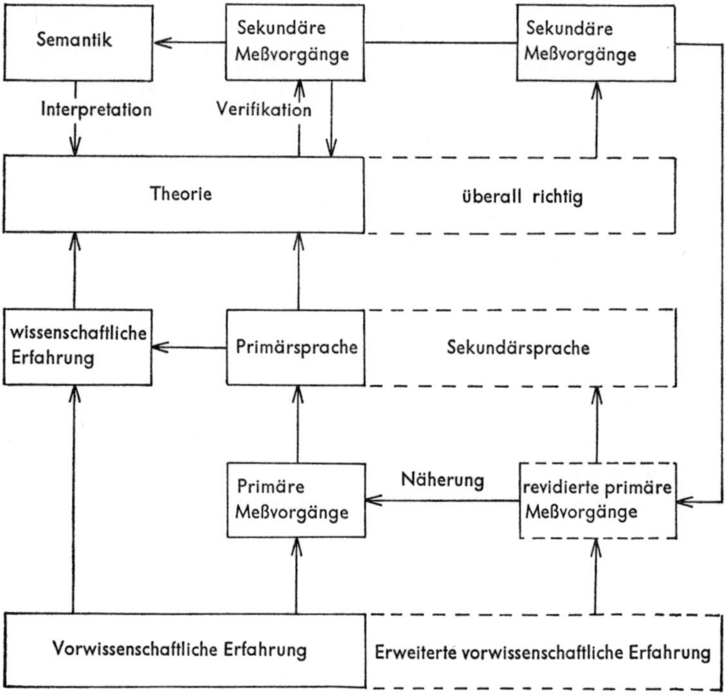

Abb. 4

zur Primärsprache ist auch die Syntax der Sekundärsprache insofern a-priori gültig, als sich diese Syntax wieder aus den Bedingungen der Möglichkeit wissenschaftlichen Sprechens über die Erfahrung ergibt. Da der Gültigkeitsbereich der sekundärsprachlichen Begriffe übereinstimmt mit dem Gültigkeitsbereich der vollständigen Theorie, ist eine *sekundärsprachlich formulierte Theorie* weiterhin stets selbstkonsistent. Da eine solche Theorie außerdem überall empirisch richtig und semantisch abgeschlossen ist, verfügt sie über alle Vorzüge einer klassischen Theorie, ohne deren Mängel zu besitzen, nämlich nur in einem beschränkten Erfahrungsbereich empirisch richtig zu sein.

Der Prozeß der Revision der vorwissenschaftlichen Erfahrung ist hier nur in einem Schritt dargestellt worden. Entsprechend der oben gemachten Bemerkung über den permanenten Lernprozeß, in dem sich die Physik historisch gesehen befindet, ist eine durch Revision der Primärsprache entstandene Sekundärsprache im allgemeinen aber keine endgültige Sprache, sondern, bei einer erneuten Erweiterung der wissenschaftlichen Erfahrung in bisher unbekannte Bereiche, ihrerseits revisionsbedürftig. Man muß also, um dem historischen Entwicklungsprozeß der Physik gerecht zu werden, sich den dargestellten Prozeß des Hintergehens der Primärsprache und der anschließenden Konstruktion einer Sekundärsprache iteriert denken. Wir verzichten hier darauf, die verschiedenen Iterationsschritte terminologisch zu kennzeichnen, und bezeichnen jeweils die bisherige Sprache als Primärsprache und die daraus durch Revision entstandene Sprache als Sekundärsprache.

III. Beispiele für klassische und moderne Theorien

a) Primärsprachlich formulierte Theorien

Theorien, die in einer Primärsprache formuliert sind, deren definierende primäre Meßvorgänge nur in Hinblick auf die zur unmittelbaren menschlichen Umwelt gehörende vorwissenschaftliche Erfahrung realisierbar sein müssen, können zwei mögliche Strukturen besitzen. Falls die Theorie selbstkonsistent ist, handelt es sich um eine klassische Theorie, die aber nach unseren heutigen Kenntnissen nicht überall empirisch richtig ist. Wenn die Theorie hingegen überall empirisch richtig ist, so ist sie nicht selbstkonsistent und enthält in ihrer Primärsprache Bestandteile, die keine empirische Relevanz besitzen. Wir geben zunächst ein Beispiel für eine klassische Theorie an und im

Anschluß daran zwei Beispiele für Theorien mit verborgenen Parametern.

Das wichtigste Beispiel für eine klassische Theorie ist die nichtrelativistische klassische Mechanik[4]. Die für die begrifflich-operativen Definitionen der Grundbegriffe Länge, Zeit und Bezugssystem erforderlichen primären Meßvorgänge setzen die Existenz und freie Beweglichkeit von ideal starren Körpern voraus, die im Rahmen der vorwissenschaftlichen Erfahrung nicht notwendig unmöglich sind. Außerdem muß die vorwissenschaftlich unproblematische Annahme gemacht werden, daß alle meßbaren Eigenschaften eines Körpers gleichzeitig objektivierbar sind. Die komplizierteren Begriffe der trägen Masse und der Kraft können dagegen im Sinne von Abb. 1 erst dann operativ definiert werden, wenn einige empirische Eigenschaften der Grundbegriffe bekannt sind. Die klassische Mechanik ist insofern semantisch abgeschlossen, als die Überprüfung der Theorie mit theorieimmanenten Meßvorgängen geschehen kann. Da darüber hinaus auch die primären Meßvorgänge theorieimmanent sind, ist die Theorie außerdem selbstkonsistent. Sie ist jedoch, wie bereits die für die primären Meßvorgänge notwendige Voraussetzung der Existenz starrer Körper erkennen läßt, nicht im gesamten Erfahrungsbereich empirisch richtig. Bei sehr hohen, relativistischen Geschwindigkeiten wird sie aus diesem Grunde empirisch falsch. Das Versagen der klassischen Mechanik in atomaren Dimensionen ist dagegen dadurch zu erklären, daß die von der vorwissenschaftlichen Erfahrung vorausgesetzte Objektivierbarkeit aller Eigenschaften im atomaren Bereich auch vorwissenschaftlich nicht mehr gewährleistet ist.

Das bedeutet jedoch nicht, daß man die auch in atomaren Dimensionen gültige Mechanik, die Quantenmechanik, nicht mit der für die klassische Mechanik geschaffenen Primärsprache formulieren kann. Es ist vielmehr durchaus möglich, mit Hilfe des aus der klassischen Mechanik bekannten Begriffssystems die empirisch richtige Quantenmechanik zu formulieren, wenn man dabei in Kauf nimmt, daß einige zur Formulierung der Theorie verwendeten Begriffe – z. B. der der mechanischen Bahn – empirisch keine Bedeutung besitzen[5]. Eine

[4] l. c. S. 18ff.

[5] D. Bohm: Phys. Rev. **85**, 166, 180 (1952), Hidden Variables in Quantum Theory, in D. R. Bates Quantum Theory III, Academic Press, New York und London 1962.

J. S. Bell: Rev. Mod. Phys. **38**, 447 (1966)

derartige Theorie mit (empirisch) verborgenen Parametern bietet den scheinbaren Vorteil, daß sie viele aus der klassischen Mechanik bekannte Strukturen – die Objektivierbarkeit und die Kausalität sind die wichtigsten Beispiele – enthalten, aber eben nur im Rahmen der Syntax. Mit Hilfe der Theorie des quantenmechanischen Meßvorganges kann nämlich gezeigt werden, daß die Objektivierbarkeit und die Kausalität keinerlei empirische Bedeutung besitzen. Diese Strukturen treten vielmehr auf Grund der gleichen Theorie, zu deren Formulierung sie verwendet wurden, in keinem möglichen Experiment jemals auf. Sie stellen lediglich unbeobachtbare Zusammenhänge zwischen teilweise verborgenen Parametern her.

Ein weiteres Beispiel für eine Theorie mit verborgenen Parametern ist die im Minkowskiraum formulierte Gravitationstheorie[6]. Im Gegensatz zur klassischen Mechanik wird hier aber eine insofern revidierte Primärsprache verwendet, als diese bereits im Bereich der speziell-relativistischen Phänomene empirische Relevanz besitzt. Dagegen sind die zur Definition der primärsprachlichen Begriffe erforderlichen primären Meßvorgänge nicht mehr sämtlich in Anwesenheit von starken Gravitationsfeldern realisierbar. Insbesondere ist die zur empirischen Realisierung einer pseudoeuklidischen Geometrie des Raum-Zeit-Kontinuums erforderliche vorwissenschaftliche Voraussetzung, daß geometrisch starre Körper frei beweglich sind, nicht mehr erfüllt. Trotzdem kann man mit Hilfe dieser Primärsprache eine empirisch richtige, lorentzinvariante Gravitationstheorie formulieren, deren Lorentz-Invarianz jedoch nur eine syntaktische Eigenschaft ist, ohne empirische Bedeutung zu besitzen. Man kann dann wieder mit Hilfe der vollständigen Theorie die für die Messung von Raum- und Zeit-Intervallen erforderlichen Meßvorgänge, z.B. die Lichtausbreitung, untersuchen und stellt auf diese Weise fest, daß die so gemessenen Raum-Zeit-Intervalle nicht mehr den in der Syntax verwendeten Gesetzen der pseudoeuklidischen Geometrie unterliegen, sondern eine Riemannsche Geometrie bilden. Die pseudoeuklidischen Koordinatenabstände zwischen zwei Ereignissen sind daher unbeobachtbare, empirisch verborgene Parameter, die nur in der Syntax der Theorie von Bedeutung sind.

---

[6] W. Thirring: Ann. Phys. **16**, 96 (1961).
W. Wyss: Helv. Phys. Acta **38**, 469 (1965).
P. Mittelstaedt und J.B. Barbour: Z. Physik **203**, 82 (1967).

b) Theorien beobachtbarer Größen

Die beiden eben erwähnten Theorien mit verborgenen Parametern, die in der klassischen Sprache formulierte Quantenmechanik und die lorentzinvariante Gravitationstheorie, lassen sich durch die oben beschriebene Methode der Elimination der verborgenen Parameter in Theorien umwandeln, die nur noch beobachtbare Größen enthalten. Die historische Reihenfolge, in der die Theorien entstanden sind, ist jedoch auch hier wieder umgekehrt gewesen. Sowohl die Gravitationstheorie als auch die Quantenmechanik sind zuerst als Theorien beobachtbarer Größen konzipiert worden (1915 bzw. 1925) und die Theorien mit verborgenen Parametern, aus denen diese beiden Theorien durch Elimination der verborgenen Parameter hergeleitet werden können, erst wesentlich später (1957 bzw. 1959) gefunden worden. Die Gründe für diese merkwürdige Reihenfolge der Entstehung sind sowohl in der philosophischen Einstellung der an den Theorien arbeitenden Physiker als auch in den verschiedenen wissenschaftsgeschichtlichen Voraussetzungen der einzelnen Theorien zu suchen.

Die nichtrelativistische Quantenmechanik in der Heisenberg-Schrödingerschen Formulierung ist eine Theorie, die nur beobachtbare Größen enthält[7]. Die Prinzipien der Nichtobjektivierbarkeit und der Indeterminiertheit sind bereits so in den Formalismus der Theorie eingearbeitet, daß etwa das gleichzeitige Vorliegen von mehreren inkommensurablen Größen in der formalen Sprache der Quantenmechanik überhaupt nicht ausgedrückt werden kann. Daß diese Restriktion der sprachlichen Möglichkeiten konsistent ist mit dem realen physikalischen Inhalt der Theorie, sieht man durch eine genaue Diskussion des quantenmechanischen Meßvorganges[8]. Eine Meßapparatur, die selbst den Gesetzen der Quantenmechanik gehorcht und die zur Messung einer bestimmten Größe geeignet ist, ermöglicht es nämlich niemals, diese Größe an einem vorgegebenen System zu messen, ohne dadurch alle anderen, zu der ersten Größe inkommensurablen Eigenschaften, die das System vor der Messung besessen hat, zu verändern. Es liegt in der physikalischen Struktur

---

[7] J. v. NEUMANN: Mathematische Grundlagen der Quantenmechanik, Springer, Berlin 1932.
G. LUDWIG: Die Grundlagen der Quantenmechanik, Springer, Berlin 1954.

[8] G. SÜSSMANN: Über den Meßvorgang, Abh. der Bayer. Akad. der Wissenschaft. 88 (1958).

des quantenmechanischen Meßvorganges begründet, daß diese Veränderung – die man auch Störung nennt – nicht exakt, sondern nur mit einer gewissen Wahrscheinlichkeit vorausgesagt werden kann.

Da es somit auf Grund des Meßprozesses unmöglich ist, einem physikalischen System zwei miteinander nicht kommensurable Eigenschaften gleichzeitig zuzusprechen, ist es im Rahmen einer Theorie beobachtbarer Größen gerechtfertigt, diese Unmöglichkeit bereits in der formalen Sprache der betreffenden Theorie zum Ausdruck zu bringen. In der Quantenmechanik geschieht das durch Einführung des Zustandsbegriffes, der ein Ausdruck ist für die maximale Information, die man über ein quantenmechanisches System besitzen kann. Indem die Theorie gar nicht mehr von den Systemen selbst, sondern nur noch von den Zustandsänderungen handelt und dafür Differentialgleichungen aufstellt, bewegt sie sich immer nur innerhalb des Bereiches, der auf Grund der Meßtheorie als möglich erkannt worden ist.

Eine ähnliche Situation liegt in der Einsteinschen Formulierung der relativistischen Gravitationstheorie vor[9]. Da die besten in der Natur vorkommenden Maßstäbe zur Ausmessung von Raum-Zeit-Intervallen – und das sind Lichtstrahlen und die Bahnen kräftefreier Massenpunkte – auf Grund der Gesetze der Gravitationstheorie in Anwesenheit von Gravitationsfeldern nur auf solche Intervalle führen, die einer vierdimensionalen Riemannschen Geometrie gehorchen, so ist es im Rahmen einer Theorie beobachtbarer Größen sinnvoll, diese Riemannsche Geometrie des Raum-Zeit Kontinuums bereits der Formulierung der Theorie der Gravitation zugrunde zu legen. Die in diesem Riemannschen Raum der beobachtbaren Raum-Zeit-Intervalle formulierte Gravitationstheorie ist die Einsteinsche Allgemeine Relativitätstheorie. Daß die in der Formulierung der Theorie vorausgesetzte Riemannsche Geometrie wiederum konsistent ist mit dem physikalischen Inhalt der Theorie, sieht man an der Behandlung der Meßvorgänge, und d.h. hier der Lichtausbreitung und der Trägheitsbahnen von Massenpunkten, im Rahmen der Einsteinschen Theorie[10]. Da sowohl das Licht als auch die kräftefreien Massenpunkte sich

---

[9] C. M. Møller: The Theory of Relativity, Clarendon Press, Oxford 1952.

[10] W. Kundt und B. Hoffmann, in: Recent developments in general relativity, Warschau; PWN 1962, p. 303.
R.F. Marzke und J.A. Wheeler, in: Chiu, H.Y. and W.F. Hoffmann: Gravitation and relativity, Benjamin, New York 1964, p. 40.

auf den Geodäten des zugrunde gelegten Riemannschen Raumes bewegen, erweist sich dieser Riemannsche Raum als ein selbstkonsistenter formalsprachlicher Rahmen, in dem sich die Gravitationstheorie als Theorie beobachtbarer Größen formulieren läßt.

c) Sekundärsprachlich formulierte Theorien

Die mit Hilfe der Theorie der sekundären Meßvorgänge gewonnenen Einsichten in die Struktur der wissenschaftlichen Erfahrung können dazu verwendet werden, die vorwissenschaftliche Erfahrung so zu revidieren, daß sie nicht nur im Bereich der unmittelbaren menschlichen Umwelt Gültigkeit besitzt. Auf Grund der erweiterten Kenntnisse werden dann von den ursprünglich angenommenen qualitativen Eigenschaften der vorwissenschaftlichen Erfahrung nur noch einige dieser Eigenschaften, möglicherweise in einer abgeschwächten Form, vorausgesetzt werden dürfen. Die auf dieser verallgemeinerten vorwissenschaftlichen Erfahrung aufbauende wissenschaftliche Sprache ist die Sekundärsprache, deren Syntax gegenüber der Syntax der Primärsprache gewisse Restriktionen aufweisen wird. Diese Sekundärsprache ermöglicht dann den systematischen Aufbau einer selbstkonsistenten Theorie der wissenschaftlichen Erfahrung. Als Beispiele behandeln wir wiederum die Gravitationstheorie und die Quantentheorie, wobei sich die Revision der Primärsprache im letzteren Falle dadurch ausdrückt, daß für die Sekundärsprache nur eine restriktive Logik, die Quantenlogik, gilt.

In der im Minkowskiraum formulierten Gravitationstheorie ist die für den pseudoeuklidischen Charakter des Raum-Zeit-Kontinuums verantwortliche Eigenschaft der vorwissenschaftlichen Erfahrung die freie Beweglichkeit geometrisch starrer Körper. Aus der vollständigen Theorie der Gravitation ergibt sich andererseits, daß diese freie Beweglichkeit in Anwesenheit von Gravitationsfeldern nicht mehr für endlich ausgedehnte, sondern nur noch für infinitesimale Körper existiert. Endliche Körper sind nur noch in einem beschränkten Raumgebiet frei beweglich. Revidiert man nun das vorwissenschaftliche Erfahrungswissen insofern, als man nicht mehr die „unbeschränkte Beweglichkeit“ endlicher Körper annimmt, sondern nur noch die schwächere Eigenschaft der „beschränkten Beweglichkeit“ voraussetzt, so führen die auf dieser Voraussetzung aufbauenden Meßvorgänge nicht mehr auf eine pseudoeuklidische, sondern auf eine Riemannsche Geometrie des Raum-Zeit-Kontinuums. Die auf der verallgemeinerten vorwissenschaftlichen Erfahrung aufgebaute Sekundärsprache weist also in ihrer Syntax gewisse Restriktionen auf, die sich hier auf die Geometrie der begrifflich-operativ definierten Raum-Zeit-Intervalle beziehen[11].

Verfügt man einmal über diese sekundärsprachliche Basis, so unterscheidet sich der weitere Aufbau der Gravitationstheorie nicht von der als Theorie beobachtbarer Größen formulierten Einsteinschen Theorie. Der wesentliche Unterschied zur Einsteinschen Theorie besteht nur darin, daß die Sprache, in der die Theorie formuliert wird, aus der verallgemeinerten vorwissenschaftlichen Erfahrung mit Hilfe von *begrifflich-operativen* Definitionen konstruiert wird, während in der Einsteinschen Theorie alle Begriffe *empirisch-operativ* definiert werden.

Die nichtrelativistische Quantenmechanik kann mit der für die klassische Mechanik entwickelten Primärsprache formuliert werden, wobei allerdings einige Begriffe keine empirische Relevanz besitzen. Die Syntax dieser Primärsprache enthält neben speziellen syntaktischen Regeln der klassischen Begriffe einige für alle derartigen Begriffe und Aussagen gültige Regeln, d.h. die Gesetze der klassischen Logik. Diese logischen Gesetze beziehen sich u.a. auf Aussagen, die das Vorliegen von Eigenschaften an einem physikalischen System behaupten. Die Regeln der Logik ergeben sich dabei aus den allgemeinen Bedingungen der Möglichkeit, Aussagen über Systeme zu machen. Diese Bedingungen sind aber die vorwissenschaftlichen Voraussetzungen, die die Realisierung der primären Meßvorgänge ermöglichen. Eine für die Gültigkeit der logischen Gesetze in besonderem Maße verantwortliche Eigenschaft der vorwissenschaftlichen Erfahrung ist die Tatsache, daß verschiedene an einem Objekt festgestellte Eigenschaften insofern unbeschränkt verfügbar sind, als man durch erneutes Nachprüfen stets die einmal erzielten Meßergebnisse reproduzieren kann. Diese unbeschränkte Verfügbarkeit aller auf ein festes Objekt bezogenen Meßaussagen ist eine im Rahmen der vorwissenschaftlichen Erfahrung völlig unproblematische Eigenschaft und wird daher im allgemeinen auch gar nicht explizit formuliert.

Die Theorie des quantenmechanischen Meßvorganges hat nun andererseits zu dem Ergebnis geführt, daß mehrere – im allgemeinen inkommensurable – Eigenschaften nicht gleichzeitig auf ein Objekt

[11] P. Mittelstaedt: Philosophische Probleme der modernen Physik, 4. Auflage, Bibliographisches Institut, Mannheim 1972, S. 45ff.

bezogen werden können, weshalb Aussagen über das Vorliegen von Eigenschaften eines Objekts auch nur unter der Einschränkung verfügbar sind, daß die verschiedenen betrachteten Eigenschaften miteinander kommensurabel sind. Die vorwissenschaftlich vorausgesetzte unbeschränkte Verfügbarkeit von Meßaussagen liegt daher auf Grund der Meßtheorie in der wissenschaftlichen Erfahrung nicht mehr vor, sondern nur noch eine auf kommensurable Meßaussagen beschränkte Verfügbarkeit. Revidiert man nun die vorwissenschaftliche Erfahrung insofern, als man die ursprünglich angenommene „unbeschränkte Verfügbarkeit" von Meßaussagen ersetzt durch die schwächere, aber ebenfalls qualitative Voraussetzung der „beschränkten Verfügbarkeit", so werden die von dieser Voraussetzung abhängigen Eigenschaften der Sekundärsprache, die auf der revidierten vorwissenschaftlichen Erfahrung aufgebaut ist, auch im Bereich atomarer Dimensionen empirische Relevanz besitzen.

Entsprechend den schwächeren Voraussetzungen über die vorwissenschaftliche Erfahrung werden in der Syntax der Sekundärsprache im allgemeinen nur schwächere Sätze beweisbar sein als in der Syntax der Primärsprache. Das gilt insbesondere von den in der Sekundärsprache geltenden logischen Regeln, die auf Grund der oben gemachten Bemerkungen in besonderem Maße von der beschränkten bzw. unbeschränkten Verfügbarkeit von Meßaussagen abhängig sind. Die durch die Beschränkung der Verfügbarkeit von Meßaussagen implizierten Restriktionen der klassischen Logik führen auf ein eingeschränktes System logischer Regeln, die sogenannte Quantenlogik. Diese restriktive Quantenlogik umfaßt die Gesamtheit derjenigen Regeln, die sich auch noch unter der Voraussetzung der beschränkten Verfügbarkeit von Meßaussagen herleiten lassen, die also auch in der empirisch realisierbaren Sekundärsprache Gültigkeit besitzen[12].

Eine in dieser Sekundärsprache formulierte Theorie der Quantenmechanik sollte auf Grund der allgemeinen Überlegungen zu sekundärsprachlich formulierten Theorien zu dem Ergebnis führen, daß die mit Hilfe sekundärer Meßvorgänge erhältlichen Meßaussagen im allgemeinen nur den Regeln der Quantenlogik genügen. Das bedeutet nichts anderes, als daß die Selbstkonsistenz der Theorie sich auf die vollständige Syntax der Sekundärsprache, insbesondere aber auf die in der Sekundärsprache geltenden logischen Regeln bezieht. Ein

---

[12] l.c. S. 162ff.

Nachweis dieser Selbstkonsistenz-Eigenschaft ist jedoch vorläufig nicht möglich, da eine sekundärsprachlich formulierte, und das heißt auf der Quantenlogik aufbauende Theorie der Quantenmechanik bisher nicht vorliegt. Die Schwierigkeiten einer sekundärsprachlichen Formulierung der Quantenmechanik bestehen insbesondere darin, daß die bekannte primärsprachlich formulierte Quantenmechanik in Hinblick auf die in ihr verwendeten logischen Schlußweisen noch nicht hinreichend analysiert bzw. formalisiert worden ist.

8. OBJEKTIVIERBARKEIT, QUANTENLOGIK UND WAHRSCHEINLICHKEIT[1]

Einleitung

Die statistische Interpretation der Quantentheorie deutet die im Formalismus der Theorie auftretenden Erwartungswerte als Wahrscheinlichkeit dafür, eine bestimmte Eigenschaft *nach* einer Messung des betrachteten Systems, das sich *vor* der Messung in einem bestimmten Zustand befunden hat, vorzufinden. Die hypothetische Annahme, daß eine solche Eigenschaft dem System bereits vor der Messung (positiv oder negativ) zukommt und daß entsprechend die Erwartungswerte zu deuten sind als Wahrscheinlichkeiten für das Vorliegen der betreffenden Eigenschaft vor der Messung, führt zu Widersprüchen mit dem Phänomen der Interferenz der Wahrscheinlichkeit. Man hat daher diese Objektivierbarkeits-Annahme schon sehr bald nach Aufstellung der Quantentheorie aufgegeben und betrachtet seitdem quantenmechanische Eigenschaften im allgemeinen als *nicht-objektivierbar*.

Später traten weitere Widersprüche hinzu. Die Annahme der Objektivierbarkeit führt auch zu Widersprüchen mit einigen Gesetzen der klassischen Aussagenlogik[2], was die Auffassung zu bestätigen schien, daß eine Objektivierung beliebiger quantenmechanischer Eigenschaften unmöglich ist. Die enge Beziehung, die zwischen Logik und Wahrscheinlichkeitstheorie besteht, deutet darüber hinaus darauf hin, daß ein Zusammenhang zwischen beiden Widersprüchen besteht. Tatsächlich kann gezeigt werden, daß es sich in beiden Fällen um die gleiche Antinomie handelt[3].

---

[1] Aufsatz, erschienen in „Einheit und Vielheit", Festschrift für Carl Friedrich v. Weizsäcker, Hrsg. E. Scheibe und G. Süssmann, Vandenhoeck u. Ruprecht, Göttingen 1972.

[2] P. Mittelstaedt: Philosophische Probleme der modernen Physik, Mannheim 1972, 4. Auflage, S. 185.

[3] l. c. S. 196.

Die Widersprüche zwischen Objektivierbarkeit und Logik sind jedoch insofern nicht sehr gravierend, als ein bedeutender Teil der Aussagenlogik davon unberührt bleibt. Dieser Teil, die sog. Quantenlogik, ist auch noch unter der Voraussetzung der Objektivierbarkeit richtig[2]. Es erhebt sich daher die Frage, ob nicht auch ein in sich konsistenter Teil der Wahrscheinlichkeitstheorie angegeben werden kann, der mit der Objektivierbarkeitsannahme verträglich ist. Das ist tatsächlich der Fall. Neuere Untersuchungen über Wahrscheinlichkeitstheorie[4,5] erlauben die explizite Angabe eines Axiomsystems für diese restriktive Wahrscheinlichkeitstheorie. Darüber hinaus zeigt sich[3], daß diese „quantenlogische Wahrscheinlichkeitstheorie" mit der Quantenlogik auf eine ähnliche Weise zusammenhängt, wie die klassische Wahrscheinlichkeitstheorie mit der klassischen Logik.

Die Beziehungen zwischen Objektivierbarkeit, Quantenlogik und quantenlogischer Wahrscheinlichkeitstheorie sollen im folgenden zusammenfassend dargestellt werden. Ein aktueller Anlaß, dieses alte und wichtige Problem der Quantentheorie erneut aufzugreifen, ist die durch die jüngste Entwicklung der Quantenlogik und der dazu gehörenden Wahrscheinlichkeitstheorie entstandene Möglichkeit, die erwähnten Probleme in einem gewissen Sinne formal abschließend zu behandeln[4,5,6]. Einerseits lassen sich die Widersprüche mit der klassischen Wahrscheinlichkeitstheorie besonders durchsichtig konstruieren, andererseits kann die Auflösung dieser Widersprüche in der quantenlogischen Wahrscheinlichkeitstheorie explizit dargestellt werden. Eine solche Darstellung scheint auch deshalb nicht überflüssig zu sein, weil in den letzten Jahren hinsichtlich des Zusammenhanges zwischen Wahrscheinlichkeitstheorie und Quantenmechanik in der wissenschaftstheoretischen Literatur gewisse Unklarheiten entstanden sind. Verschiedene Autoren glaubten in der statistischen Interpretation der Quantentheorie neue Inkonsistenzen entdeckt zu haben[7,8],

---

[4] J. M. Jauch: Foundations of Quantum Mechanics, Addison Wesley, Reading (Mass.) 1968, p. 94.

[5] F. Kamber: Math. Annalen, **158**, 158 (1965).

[6] P. Mittelstaedt: Z. Naturforsch. **25a**, 1773 (1970).

[7] P. Suppes: Philosophy of Science, **28**, 378 (1961), Philosophy of Science, The Delaware Seminar, Vol. II, Wiley, New York 1963, p. 319.

[8] W. Stegmüller: Probleme und Resultate der Wissenschaftstheorie und Analytischen Philosophie, Bd. II, Springer Verlag, 1970, S. 438ff.

die bisher nicht bemerkt worden sind[9]. Tatsächlich existieren jedoch außer den hier untersuchten Widersprüchen zwischen der Objektivierbarkeit und der Wahrscheinlichkeitstheorie in der statistischen Interpretation der Quantenmechanik keine weiteren Inkonsistenzen.

§ 1 Objektivierbarkeit

Ein von der Quantentheorie beschriebenes Objekt, ein quantenmechanisches System S, befindet sich zu jedem Zeitpunkt in einem Zustand, den man durch einen Vektor $|\varphi\rangle$ im Hilbertraum kennzeichnet. An diesem im Zustand $|\varphi\rangle$ befindlichen System lassen sich die Observablen durch Messung oder theoretische Rechnung bestimmen. Wir wollen hier einen vereinfachten Typ der Observablen, die sog. Eigenschaften E_A, E_B, E_C betrachten, denen nur die beiden Meßwerte 0 und 1 zukommen. Der Wert 1 möge bedeuten, daß die betreffende Eigenschaft vorliegt, der Wert 0, daß das nicht der Fall ist. Die den „Eigenschaften" entsprechenden Operatoren sind die Projektionsoperatoren P_A, P_B, P_C, die nur die Eigenwerte 0 und 1 besitzen. Die Verwendung von Eigenschaften bzw. Projektionsoperatoren erleichtert die Diskussion wesentlich, ohne eine echte Einschränkung der Allgemeinheit darzustellen, da jeder einer Observablen entsprechende Operator sich in Projektionsoperatoren zerlegen läßt. Physikalisch bedeutet das, daß jeder Meßvorgang sich auf die Messung von Eigenschaften, d.h. auf ja–nein Entscheidungen reduzieren läßt.

Der quantenmechanische Formalismus liefert im allgemeinen keine exakten Voraussagen hinsichtlich des Meßwertes einer Observablen E_A

---

[9] Besonders die bei STEGMÜLLER (Ref. 8) formulierten und teilweise auf SUPPES (Ref. 7) zurückgehenden Behauptungen sollten nicht unwidersprochen bleiben. (Vgl. hierzu auch die Diskussion bei Büchel, Ref. 10.) Es wird dort die – nachweisbar falsche – Behauptung aufgestellt, daß die im quantenmechanischen Formalismus verwendeten Vorschriften zur Berechnung von Wahrscheinlichkeiten in speziellen Fällen zu negativen Ausdrücken und damit auf Widersprüche führen. Diese Situation soll angeblich dann eintreten, wenn man die Wahrscheinlichkeit für das gemeinsame Vorliegen zweier inkommensurabler Eigenschaften eines Systems berechnet. Tatsächlich erhält Stegmüller nur deshalb negative Ausdrücke, weil er zur Berechnung der gesuchten Wahrscheinlichkeiten von Formeln ausgeht, die in der Quantenmechanik nicht allgemein gültig sind.

für ein System, das sich in einem Zustand $|\varphi\rangle$ befindet, sondern nur statistische Aussagen, die durch die Erwartungswerte

$$w_\varphi(A) = \langle \varphi | P_A | \varphi \rangle$$

ausgedrückt werden. Die entscheidende Frage ist nun, wie diese statistischen Ausdrücke zu interpetieren sind. Setzt man die *Objektivierbarkeit* aller Eigenschaften voraus, nimmt also an, daß alle möglichen Eigenschaften E_A, E_B, ... dem im Zustand $|\varphi\rangle$ befindlichen System entweder im positiven oder im negativen Sinn zukommen, so wird man $w_\varphi(A)$ als Wahrscheinlichkeit (im Sinne einer relativen Häufigkeit) für das Vorliegen der Eigenschaft E_A an dem im Zustand $|\varphi\rangle$ befindlichen System interpretieren. Diese Deutung führt zu den noch zu besprechenden Widersprüchen mit der Wahrscheinlichkeitstheorie und der klassischen Logik. Die übliche (Kopenhagener) Interpretation der Quantentheorie geht daher davon aus, daß die Objektivierung beliebiger Eigenschaften an einem in einem Zustand $|\varphi\rangle$ befindlichen System nicht möglich ist. Der Erwartungswert $w_\varphi(A)$ wird dann gedeutet als die Wahrscheinlichkeit dafür, *nach* einer geeigneten Messung an dem vor der Messung im Zustand $|\varphi\rangle$ befindlichen System die Eigenschaft E_A vorzufinden. Diese Interpretation führt nicht zu Widersprüchen irgendwelcher Art[11].

Eine einfache Versuchsanordnung, an der die Widersprüche zwischen der Objektivierbarkeitshypothese und der Wahrscheinlichkeitstheorie deutlich zum Ausdruck kommen, ist das Zwei-Löcher-Experiment. Ein Strahl aus Teilchen, die sich im Zustand $|\varphi\rangle$ befinden, wird dabei durch eine Blende mit zwei Löchern in zwei getrennte Teilstrahlen aufgespalten (Abb. 1).

Unter B bzw. $\neg B$ (Nicht-B) wollen wir die Aussage verstehen, daß ein Teilchen durch den oberen bzw. unteren Spalt hindurchgegangen ist, und die dieser Aussage entsprechenden Zustände mit $|B\rangle$ bzw. $|\neg B\rangle$ bezeichnen.

Unter $A(x)$ wollen wir weiter die Aussage verstehen, daß das Teilchen an einer bestimmten Stelle x auf der Photoplatte aufgetroffen ist, und mit $|x\rangle$ den dieser Situation entsprechenden Zustand bezeichnen.

---

[10] W. Büchel: Zur Wissenschaftstheorie der Quantenphysik, Theologie und Philosophie, **46**, 397 (1971).

[11] Ref. (2), S. 99ff.

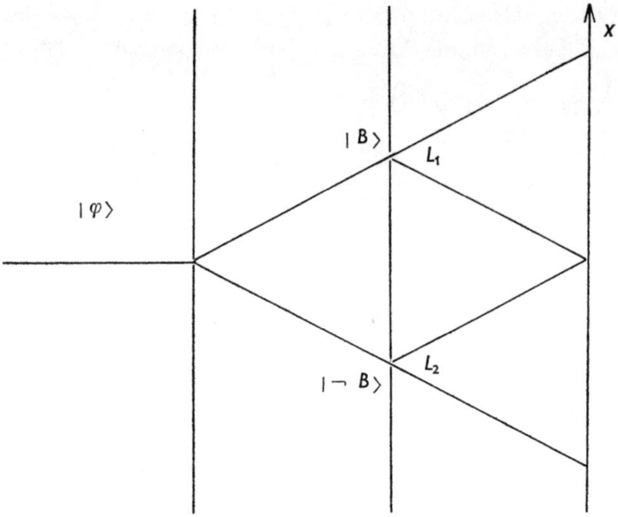

Abb. 1

Aus den Zerlegungen[12]

$$|\,\varphi\,\rangle = |\,B\rangle\,\langle B\,|\,\varphi\rangle + |\,\neg\,B\rangle\,\langle\neg\,B\,|\,\varphi\rangle,$$
$$|\,B\,\rangle = \int \mathrm{d}x\,|\,x\rangle\,\langle x\,|\,B\rangle,$$
$$|\,\neg\,B\,\rangle = \int \mathrm{d}x\,|\,x\rangle\,\langle x\,|\,\neg\,B\rangle$$

ergeben sich dann die Wahrscheinlichkeiten dafür

1. die Eigenschaft B an einem im Zustand $|\,\varphi\rangle$ befindlichen System vorzufinden, d.h.[13]
$$w_\varphi\,(B) = \langle\varphi\,|\,P_B\,|\,\varphi\rangle;$$
2. die Eigenschaft $\neg\,B$ an einem im Zustand $|\,\varphi\rangle$ befindlichen System vorzufinden, d.h.
$$w_\varphi\,(\neg\,B) = \langle\varphi\,|\,P_{\neg B}\,|\,\varphi\rangle;$$
3. die Eigenschaft A an einem im Zustand $|\,B\rangle$ befindlichen System vorzufinden, d.h.
$$w_B\,(A) = \langle B\,|\,P_A\,|\,B\rangle;$$

[12] Wir übergehen hier die für unsere Fragestellung unwesentliche Tatsache, daß der Zustandsvektor $|\,\varphi\,\rangle$ nach dem Durchgang des Teilchenstrahls durch die beiden Löcher neu normiert werden muß.

[13] Unter P_B verstehen wir den zu dem Zustand $|\,B\,\rangle$ gehörenden Projektionsoperator, also $P_B = |\,B\,\rangle\langle\,B\,|$.

4. die Eigenschaft A an einem im Zustand $|\neg B\rangle$ befindlichen System vorzufinden, d.h.

$$w_{\neg B}(A) = \langle \neg B \mid P_A \mid \neg B \rangle.$$

Daraus bestimmen sich dann die zusammengesetzten Wahrscheinlichkeiten. Die Wahrscheinlichkeit dafür, den Zustand $|x\rangle$ vorzufinden, wenn $|B\rangle$ vorlag, und $|B\rangle$ vorzufinden, wenn $|\varphi\rangle$ vorlag, ist

$$w_\varphi(A, B) = \langle \varphi \mid P_B P_A P_B \mid \varphi \rangle = w_\varphi(B)\, w_B(A)$$

und entsprechend

$$w_\varphi(A, \neg B) = \langle \varphi \mid P_{\neg B} P_A P_{\neg B} \mid \varphi \rangle = w_\varphi(\neg B)\, w_{\neg B}(A).$$

Die beiden letzten Formeln entsprechen den experimentellen Situationen, daß das Loch L_1 bzw. L_2 verschlossen ist. $w_\varphi(A, B)$ bzw. $w_\varphi(A, \neg B)$ ist dann der quantenmechanisch korrekte Wert, für den Ort des Teilchens den Wert x vorzufinden.

Für die Wahrscheinlichkeit, überhaupt den Wert x auf der Photoplatte vorzufinden, unabhängig davon, ob der Strahl durch das Loch L_1 oder L_2 gegangen ist, erhält man aus der Zerlegung

$$|\varphi\rangle = \int \mathrm{d}x \mid x\rangle \langle x \mid \varphi\rangle$$

den Wert

$$(Q)\quad w_\varphi(A) = \langle \varphi \mid P_A \mid \varphi \rangle = w_\varphi(A, B) + w_\varphi(A, \neg B) + w_\varphi{}^{\mathrm{int}}(A, B),$$

wobei der sog. Interferenzterm durch

$$w_\varphi{}^{\mathrm{int}}(A, B) = \langle \varphi \mid P_B P_A P_{\neg B} + P_{\neg B} P_A P_B \mid \varphi \rangle$$

gegeben ist.

Objektiviert man nun alle Eigenschaften bezüglich des im Zustand $|\varphi\rangle$ befindlichen Ausgangsystems und interpretiert somit die statistischen Ausdrücke $w_\varphi(A)$ als Wahrscheinlichkeit für das Vorliegen der Eigenschaft E_A an dem im Zustand $|\varphi\rangle$ befindlichen System, so werden diese Ausdrücke den Gesetzen der Wahrscheinlichkeitstheorie gehorchen. Insbesondere gilt für die zusammengesetzten Wahrscheinlichkeiten $w_\varphi(A, B)$ und $w_\varphi(A, \neg B)$, da B und $\neg B$ alle möglichen Fälle darstellen, auf Grund der Wahrscheinlichkeitstheorie[14]:

$$(W)\qquad w_\varphi(A) \leq w_\varphi(A, B) + w_\varphi(A, \neg B).$$

Zusammen mit Gl. (Q) erhält man daraus $w_\varphi{}^{\mathrm{int}}(A, B) \leq 0$, was im allgemeinen nicht der Fall ist, d.h. für $w_\varphi{}^{\mathrm{int}}(A, B) > 0$ auf einen Widerspruch führt.

---

[14] Wegen der Herleitung dieser Formel vgl. S. 126, 127, 135.

Um diesem Widerspruch zu entgehen, deutet man etwa $w_B(A)$ als die Wahrscheinlichkeit dafür, nach einer Ortsmessung an einem Teilchen, das sich vor dieser Messung im Zustand $|B\rangle$ befunden hat, den Wert x, d.h. den Zustand $|x\rangle$ vorzufinden. Diese Deutung verzichtet ausdrücklich darauf, die Eigenschaft $A(x)$ zu objektivieren, d.h. zu behaupten, daß die Eigenschaft A dem im Zustand $|B\rangle$ befindlichen System auch schon vor der Messung zukommt bzw. nicht zukommt.

Die beiden alternativen Interpretationen der Quantentheorie und ihr Zusammenhang mit der klassischen Wahrscheinlichkeitstheorie lassen sich übersichtlich in dem folgenden Schema darstellen (Abb. 2). Während die objektivierende Interpretation der statistischen Ausdrücke zusammen mit den Formeln der Wahrscheinlichkeitstheorie auf einen Widerspruch führt, ist die Annahme der Nicht-Objektivierbarkeit mit der Wahrscheinlichkeitstheorie konsistent und führt auf die übliche „Kopenhagener Interpretation“ der Quantentheorie.

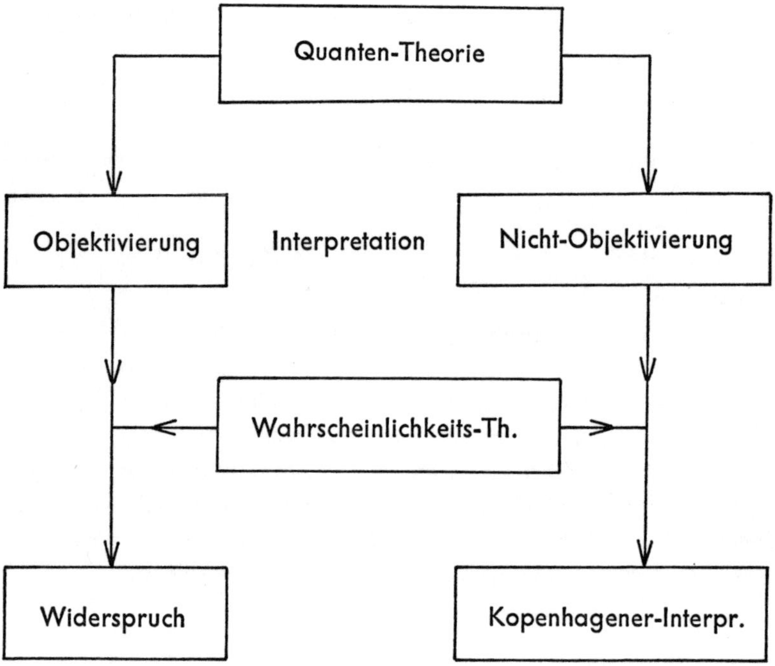

Abb. 2

Die Annahme der Objektivierbarkeit aller quantenmechanischer Eigenschaften führt zu Widersprüchen mit der Wahrscheinlichkeitstheorie. Sie führt aber auch zu Widersprüchen mit der klassischen Logik, was sich direkt und ohne Bezug auf den Wahrscheinlichkeitsbegriff an der Begründung der Axiome der klassischen Logik erkennen läßt[2]. Statt diesen etwas mühseligen und von der jeweiligen Begründungsmethode der Logik abhängigen Weg einzuschlagen, kann man die Widersprüche zwischen Objektivierbarkeit und Logik auch dadurch erhalten, daß man ausgehend von dem Zusammenhang zwischen Wahrscheinlichkeitstheorie und Logik aus den wahrscheinlichkeitstheoretischen Inkonsistenzen die Widersprüche mit der Aussagenlogik konstruiert. Beide Methoden führen zum gleichen Ergebnis, d.h. zu der gleichen Gesamtheit logischer Sätze, der die Objektivierbarkeitshypothese widersprechen. Wir wollen hier die Widersprüche mit der Logik auf dem Wege über die Wahrscheinlichkeitstheorie herleiten und untersuchen dazu im folgenden Paragraphen zunächst den Zusammenhang zwischen Logik und Wahrscheinlichkeit.

§ 2 Logik und Wahrscheinlichkeit

Um den Zusammenhang zwischen Logik und Wahrscheinlichkeitstheorie zu erläutern, betrachten wir eine Menge von Aussagen A, B, $C, \ldots$, von denen wir in Hinblick auf die hier diskutierten Probleme annehmen wollen, daß sie das Vorliegen bestimmter Eigenschaften an einem physikalischen System behaupten. Diese Annahme stellt keine echte Einschränkung der Allgemeinheit dar und dient nur der Verdeutlichung der hier durchzuführenden Überlegungen. Wir wollen weiterhin annehmen, daß es sich um Eigenschaften im Sinne der *klassischen Physik* handelt, daß also die im letzten Paragraphen diskutierten Schwierigkeiten der Objektivierung nicht vorliegen. Die Menge von Aussagen bildet dann in bezug auf die logischen Operationen $\wedge$ (und), $\vee$ (oder) und $\neg$ (nicht) einen komplementären, distributiven – oder Booleschen Verband. Die Aussage $\bigwedge$ (das Falsche) ist das Null-Element und die Aussage $\bigvee$ (das Wahre) das Eins-Element des Verbandes.

Unter dem Begriff der Wahrscheinlichkeit $w(A)$ für das Vorliegen einer von der Aussage A behaupteten Eigenschaft an einem System versteht man intuitiv zunächst die relative Häufigkeit, mit der sich bei Messungen der Eigenschaft an einer sehr großen Zahl von gleichartigen Systemen die betreffende Eigenschaft als vorliegend erweist.

Entsprechend ist auch unter der Wahrscheinlichkeit für die zusammengesetzten Aussagen $A \wedge B$, $A \vee B$ und $\neg A$ die relative Häufigkeit für das Vorliegen der zu den zusammengesetzten Aussagen gehörenden Eigenschaften zu verstehen. Aus dieser Interpretation der Wahrscheinlichkeit als relative Häufigkeit ergibt sich zunächst, daß die Wahrscheinlichkeit $w(A)$ für eine Aussage eine reelle Funktion

$$0 \leq w(A) \leq 1$$

ist, bei der die Werte 0 bzw. 1 dann angenommen werden, wenn an Stelle von A die Aussagen $\bigwedge$ bzw. $\bigvee$ stehen, d.h. also $w(\bigwedge) = 0$ bzw. $w(\bigvee) = 1$.

In der mathematischen Wahrscheinlichkeitstheorie wird der Begriff der Wahrscheinlichkeit unabhängig von der erwähnten Häufigkeitsinterpretation, aber in enger Anlehnung an sie durch die folgenden Axiome eingeführt:

W_1) Die Wahrscheinlichkeit ist eine reelle Funktion $w(x)$ mit $0 \leq w(x) \leq 1$, die für alle Elemente x eines Booleschen Verbandes L_B erklärt ist.

W_2) Ist n das Nullelement und e das Einselement von L_B, so ist $w(n) = 0$, $w(e) = 1$.

W_3) Sind $\cap$ und $\cup$ die Verknüpfungsoperationen von L_B, und ist $\{x_i\}$ eine Folge von Elementen dieses Verbandes, die die Bedingungen $x_i \cap x_k = n$ für alle Paare $(i \neq k)$ erfüllen, so gilt $w(x_1 \cup x_2 \cup x_3 \ldots) = w(x_1) + w(x_2) + w(x_3) + \ldots$

Als konkretes Modell für die eingeführten Begriffsbildungen betrachten wir ein quantenmechanisches System S, das sich in einem Zustand $|\varphi\rangle$ befindet, und eine Gesamtheit von gleichzeitig und ohne Veränderung des Zustandes $|\varphi\rangle$ am System meßbaren Eigenschaften $E_A, E_B, E_C, \ldots$. Die den Eigenschaften entsprechenden Projektionsoperatoren P_A, P_B, P_C, ... sind wegen der Kommensurabilität paarweise untereinander und mit $P_\varphi = |\varphi\rangle\langle\varphi|$ vertauschbar. Die Aussage, die das Vorliegen einer bestimmten Eigenschaft E_A am System behauptet, hat dann die Form $P_A |\varphi\rangle = |\varphi\rangle$ oder $|\varphi\rangle \subseteq M_A$, wobei M_A die abgeschlossene Linearmannigfaltigkeit des Hilbertraumes H ist, auf die P_A projiziert.

Die Teilräume $M_A \subseteq H$ bilden hinsichtlich der durch "$M_A \subseteq M_B$" gegebenen zweistelligen Relation R eine Halbordnung. Der aus M_A und M_B gebildete Durchschnitt $M_A \cap M_B$ ist die bezüglich R untere Grenze von M_A und M_B und der von den beiden Teilräumen aufgespannte

Teilraum $M_A \cup M_B$ die obere Grenze. Die Teilräume bilden daher hinsichtlich der Relation R und der Operationen $\cap$ und $\cup$ einen Verband, dessen Nullelement 0 die Nullmenge und dessen Einselement 1 der Hilbertraum H ist. Definiert man weiter zu dem Element M ein Komplement M' durch den zu M total senkrechten Teilraum $H \ominus M$, so folgt, daß der Verband komplementär und distributiv, also ein Boolescher Verband L_B ist. Der Verband ist jedoch nur dann ein Boolescher Verband, wenn man sich auf solche Teilräume beschränkt, deren Projektionsoperatoren paarweise miteinander vertauschbar sind.

Entsprechend zu diesem Booleschen Verband der Teilräume bilden die kommensurablen Aussagen in bezug auf die logischen Verknüpfungsoperationen $\wedge$, $\vee$, $\neg$ einen Booleschen Verband, wenn man unter $A \wedge B$, $A \vee B$ und $\neg A$ die zu $M_A \cap M_B$, $M_A \cup M_B$ und M_A' gehörenden Aussagen versteht. Der Nullmenge 0 entspricht dann die Aussage $\bigwedge$ (das Falsche) und dem Hilbertraum H die Aussage $\bigvee$ (das Wahre). Falls zwischen zwei Teilräumen M_A und M_B die Relation $M_A \subseteq M_B$ besteht, so entspricht dem eine Implikation $A \to B$ zwischen den Aussagen bzw. die Gültigkeit der Gleichung

$$P_A \mid \varphi\rangle = P_B P_A \mid \varphi\rangle.$$

Da in dem hier diskutierten Modell alle Projektionsoperatoren miteinander vertauschbar sind, haben die auf $M_A \cap M_B$, $M_A \cup M_B$ und M_A' projizierenden Operatoren $P_{A \wedge B}$, $P_{A \vee B}$ und $P_{\neg A}$ eine besonders einfache Gestalt. Es ist

$$P_{A \wedge B} = P_A \cdot P_B,$$
$$P_{A \vee B} = P_A + P_B - P_A P_B,$$
$$P_{\neg A} = 1 - P_A.$$

Eine Funktion $w(A)$, die für alle Aussagen des Verbandes L_B definiert ist und die die Axiome W_1–W_3 erfüllt, ist als eine Wahrscheinlichkeit im mathematischen Sinne anzusehen. Für das hier behandelte Modell kann eine Funktion $w(A)$, die die angegebenen Bedingungen erfüllt, sofort angegeben werden. Es ist nämlich

$$w_\varphi(A) = \langle\varphi \mid P_A \mid \varphi\rangle$$

für ein beliebiges $\mid \varphi \rangle \subseteq H$ und für alle $A \in L_B$ eine solche Funktion[15]. Wenn weiter alle Aussagen ohne Einschränkung gleichzeitig auf das

[15] G. Ludwig: Die Grundlagen der Quantenmechanik, Springer Verlag, Berlin und Heidelberg 1954, S. 68ff.

System bezogen, d. h. objektiviert werden können, kann $w(A)$ auch als eine Wahrscheinlichkeit im Sinne einer relativen Häufigkeit für das *Vorliegen* einer bestimmten Eigenschaft interpretiert werden. Im obigen Modell müßte hierfür – nach üblicher Auffassung – der Zustand $|\varphi\rangle$ mit allen $A \in L_B$ kommensurabel sein (Meßbarkeit aller E_A mit $A \in L_B$ ohne Störung von $|\varphi\rangle$). Die $w_\varphi(A)$ wären dann allerdings sämtlich 0 oder 1. Echte Wahrscheinlichkeiten erhält man hier erst unter Heranziehung statistischer Operatoren.

Die Beziehungen zwischen dem zugrunde gelegten Aussagenverband L_B und den Wahrscheinlichkeitsgesetzen können an Hand dieses konkreten Modells explizit dargestellt werden. Eine logische Implikation $A \to B$ entspricht der Relation $M_A \subseteq M_B$ und der Gleichung

$$P_A|\varphi\rangle = P_B P_A |\varphi\rangle,$$

woraus auf Grund der Eigenschaften der Projektionsoperatoren

$$w_\varphi(A) \leq w_\varphi(B)$$

folgt. Jede logische Implikation zwischen Aussagen hat daher eine Ungleichung zwischen Wahrscheinlichkeiten zur Folge. Insbesondere entspricht einer logischen Äquivalenz $A \leftrightarrow B$ eine Gleichung

$$w_\varphi(A) = w_\varphi(B).$$

Da die Projektionsoperatoren, die zu den Aussagen $A \wedge B$, $A \vee B$ und $\neg A$ gehören, bekannt sind, lassen sich aus logischen Implikationen bzw. Äquivalenzen leicht entsprechende Beziehungen der Wahrscheinlichkeitstheorie herleiten.

So entspricht z. B. die Negation $\neg A$ einer Aussage A dem Projektionsoperator

$$P_{\neg A} = 1 - P_A,$$

so daß für die Wahrscheinlichkeiten

$$w_\varphi(\neg A) = 1 - w_\varphi(A)$$

folgt. Aus der im Zusammenhang mit der Objektivierbarkeit sehr wichtigen logischen Äquivalenz

$$(L) \qquad A \leftrightarrow (A \wedge B) \vee (A \wedge \neg B)$$

folgt für die entsprechenden Projektionsoperatoren wegen

$$P_{A\wedge B} \cdot P_{A\wedge\neg B} = 0$$

die Beziehung

$$P_A = P_{A \wedge B} + P_{A \wedge \neg B}$$

und für die Wahrscheinlichkeiten wegen W_3

(W') $$w_\varphi(A) = w_\varphi(A \wedge B) + w_\varphi(A \wedge \neg B).$$

Die objektivierende Interpretation der statistischen Ausdrücke $w_\varphi(A)$ führt, wie im § 1 am Beispiel des Zwei-Löcher-Experiments gezeigt wurde, zu Widersprüchen mit der Wahrscheinlichkeitstheorie. Insbesondere zeigte sich, daß die Objektivierbarkeitshypothese in Widerspruch zu dem Satz

(W) $$w_\varphi(A) \leq w_\varphi(A, B) + w_\varphi(A, \neg B)$$

steht. Dieser Satz folgt seinerseits aus dem Satz[16]

(W') $$w_\varphi(A) = w_\varphi(A \wedge B) + w_\varphi(A \wedge \neg B),$$

der eine unmittelbare Konsequenz der logischen Äquivalenz

(L) $$A \leftrightarrow (A \wedge B) \vee (A \wedge \neg B)$$

ist.

Da nun unter der Voraussetzung der Objektivierbarkeit der Satz (W) falsch ist, so ist auch (W') falsch. Da (W') sich weiterhin aus (L) herleiten läßt, so muß auch die logische Äquivalenz (L) ungültig sein. Man wird somit auf einen Widerspruch zu einem bestimmten Satz der klassischen Aussagenlogik geführt. Da in der axiomatischen, verbandstheoretischen Formulierung der Logik der Satz (L) jedoch unabhängig von vielen anderen Axiomen ist, so bedeutet die Ungültigkeit von (L) keineswegs die Ungültigkeit der Logik schlechthin. Vielmehr läßt sich eine restriktive Logik, die Quantenlogik, angeben, die unabhängig von der Wahrheit oder Falschheit des Satzes (L) gültig ist. Verbandstheoretisch gesehen entspricht diese restriktive Quantenlogik nicht mehr einem Booleschen Verband L_B, sondern einem orthokomplementären, quasimodularen Verband, den wir im folgenden mit L_q bezeichnen wollen. Jeder Unterverband $L \subseteq L_q$, für dessen Elemente die Beziehung (L) gilt, ist nämlich ein Boolescher Verband, und für die Elemente eines Booleschen Unterverbandes $L_B \subseteq L_q$ gilt die Beziehung (L)[5,6].

§ 3 Quantenlogik und quantenlogische Wahrscheinlichkeitstheorie

Die abgeschlossenen Linearmannigfaltigkeiten M_A, M_B, M_C, ... des Hilbertraumes entsprechen den Aussagen A, B, C, die das Vorliegen

[16] Vgl. S. 135.

z.B. der Eigenschaft E_A bei dem im Zustand $|\varphi\rangle$ befindlichen System behaupten. Hinsichtlich der zweistelligen Relation R, die durch $M_A \subseteq M_B$ gegeben ist, bilden die Teilräume eine Halbordnung. Der aus zwei Teilräumen gebildete Durchschnitt $M_A \cap M_B$ ist die bezüglich der Relation R untere Grenze und der von M_A und M_B aufgespannte Teilraum $M_A \cup M_B$ obere Grenze von M_A und M_B. Die Teilräume des Hilbertraumes bilden daher hinsichtlich der Relation R und der Operationen $\cap$ und $\cup$ einen Verband, dessen Nullelement 0 die Nullmenge und dessen Einselement 1 der Hilbertraum H ist. Hinsichtlich der bis hierher genannten verbandstheoretischen Eigenschaften unterscheidet sich die Menge der Teilräume des Hilbertraumes nicht von dem oben behandelten Spezialfall, in dem die zu den Teilräumen gehörenden Projektionsoperatoren vertauschbar sind. Bezüglich der weiteren verbandstheoretischen Eigenschaften bestehen jedoch entscheidende Unterschiede zwischen dem Verband der kommensurablen Teilräume und dem Verband beliebiger allgemein inkommensurabler Teilräume des Hilbertraumes.

Den Verband beliebiger Teilräume des Hilbertraumes bezeichnen wir im folgenden mit L_q. Über die bereits genannten Eigenschaften hinaus ist L_q orthokomplementär, d.h., es gibt eine Abbildung $M_A \to M_A' = M_{\neg A}$ derart, daß

$$(M_A')' = M_A,$$
$$M_A \cap M_A' = 0,$$
$$M_A \subseteq M_B \Leftrightarrow M_B' \subseteq M_A'$$

gilt. Für Orthokomplemente gilt in Verbindung mit $\cap$ und $\cup$

$$(M_A \cap M_B)' = M_A' \cup M_B',$$
$$(M_A \cup M_B)' = M_A' \cap M_B',$$

woraus insbesondere wegen $0' = H$ folgt

$$M_A \cup M_A' = H.$$

$M_A' = M_{\neg A}$ ist also der zu M_A total senkrechte Unterraum $H \ominus M_A$. Der Verband ist weiter quasimodular, d.h., es gilt

$$M_A \subseteq M_B,\ M_C \subseteq M_B' \Rightarrow M_B \cap (M_A \cup M_C) = M_A.$$

Die Quasimodularität ist eine Abschwächung der Modularität, die für den Verband nicht vorhanden ist. Die Quasimodularität ist andererseits in der Klasse der orthokomplementären Verbände eine echte Bedingung. Der Zusammenhang zwischen dem orthokomplementären, quasimodularen Verband L_q beliebiger Teilräume und den Booleschen Verbänden L_B der jeweils kommensurablen Teilräume wird auf folgende Weise deutlich. In einem quasimodularen Verband läßt sich eine zweistellige Relation K, die Kommensurabilität, durch

$$M_A \, K \, M_B \Leftrightarrow (M_A \cap M_B) \cup (M_A \cap M_{\neg B}) = M_A$$

definieren, in der die Relation R enthalten ist, d.h., für die

$$R \subseteq K \subseteq L_q \times L_q$$

gilt. Ein Unterverband $L \subseteq L_q$, dessen Elemente paarweise kommensurabel im Sinne der Relation K sind, ist dann ein Boolescher Verband, und jeder Boolesche Unterverband $L_B \subseteq L_q$ besteht aus paarweise kommensurablen Elementen.

Entsprechend zu dem Verband L_q der Teilräume des Hilbertraumes bilden die Aussagen A der Form $|\varphi\rangle \subseteq M_A$ hinsichtlich der Operationen $\wedge$ und $\vee$ einen Verband L_q, wenn man unter $A \wedge B$ bzw. $A \vee B$ die den Teilräumen $M_{A \wedge B} = M_A \cap M_B$ bzw. $M_{A \vee B} = M_A \cup M_B$ entsprechenden Aussagen versteht und wenn man als Negation $\neg A$ die zu $H \ominus M_A$ gehörende Aussage verwendet. Dieser so erhaltene Aussagenverband stimmt genau überein mit demjenigen Aussagenverband, den man erhält, wenn man auf den der Objektivierbarkeitshypothese widersprechenden Satz der klassischen Logik

$$A \leftrightarrow (A \wedge B) \vee (A \wedge \neg B)$$

verzichtet, also von einem Booleschen Verband L_B zu einem orthokomplementären, quasimodularen Verband L_q übergeht.

Die Tatsache, daß die quantenmechanischen Aussagen $A, B, \ldots$ bezüglich der Operationen $\wedge$ und $\vee$ einen Verband bilden, ist noch keineswegs ausreichend, um diesen Aussagenverband als einen Logikkalkül interpretieren zu können. Dazu müssen noch syntaktische und eine semantische Voraussetzung erfüllt sein. Syntaktisch und d.h. hier verbandstheoretisch muß gezeigt werden, daß sich die Relation R auch als zweistellige Operation definieren läßt, da nur dann die aus der Logik bekannten Sätze über iterierte Implikationen und Negationen mit verbandstheoretischen Mitteln formuliert werden können. In einem Booleschen Verband L_B ist diese Möglichkeit vorhanden, da sich dort stets eine Subjunktion $B \mathbin{-\!\!\neg} A = \neg A \vee B$ definieren läßt, die die gewünschten Eigenschaften besitzt. Um einen Verband L_q als

Logikkalkül interpretieren zu können, ist es erforderlich, daß sich die Relation R und darüber hinaus auch die durch $A \leftrightarrow (A \wedge B) \vee (A \wedge \neg B)$ gegebene Kommensurabilitätsrelation K als zweistellige Operationen definieren lassen. Das ist in orthokomplementären Verbänden nicht allgemein der Fall, sondern nur dann, wenn sie auch quasimodular sind[6]. Für einen solchen Verband L_q ist die zu R gehörende Operation $B \multimap A = \neg A \vee (A \wedge B)$, während die zu K gehörende Operation die Form

$$(A \wedge B) \vee (A \wedge \neg B) \vee (\neg A \wedge B) \vee (\neg A \wedge \neg B) = A \bigcirc B$$

hat. Logisch bedeutet das, daß zwischen zwei Aussagen A und B die Relation R genau dann besteht, wenn $B \multimap A$ eine wahre Aussage ist, und daß die Relation K genau dann besteht, wenn $A \bigcirc B$ eine wahre Aussage ist. Damit sind die syntaktischen, d.h. hier die verbandstheoretischen Voraussetzungen dafür erfüllt, daß sich der Verband L_q der quantenmechanischen Aussagen als ein Logikkalkül interpretieren läßt. Es muß jedoch darüber hinaus noch eine semantische Voraussetzung erfüllt sein, die sich auf die empirische Verwendbarkeit der betreffenden Aussagen bezieht.

Die Gesamtheit aller quantenmechanischen Aussagen der Form $|\varphi\rangle \subseteq M_A$ bildet einen Verband L_q. An einem vorgegebenen System S, das sich im Zustand $|\varphi\rangle$ befindet, können jedoch nicht alle die diesen Aussagen entsprechenden Eigenschaften E_A, E_B, ... simultan und ohne Veränderung von $|\varphi\rangle$ gemessen werden, sondern jeweils nur solche Eigenschaften, deren Teilräume M_A, M_B, ... einen Booleschen Unterverband $L_B \subseteq L_q$ bilden und die mit $|\varphi\rangle$ kommensurabel sind. Die entsprechenden Aussagen A, B, ... sind dann paarweise kommensurabel, d.h., es gilt AKB, wenn $A \in L_B$, $B \in L_B$ und $L_B \subseteq L_q$. Für die zu einem solchen Booleschen Unterverband gehörenden Aussagen bereitet die gleichzeitige Objektivierung keinerlei Schwierigkeiten, da hier die Messung einer Eigenschaft keine Veränderung des Zustandes $|\varphi\rangle$ zur Folge hat. Die gleichzeitige Objektivierung *aller* Eigenschaften, also auch der mit $|\varphi\rangle$ inkommensurablen Eigenschaften, führt jedoch auf die erwähnten Schwierigkeiten. Die Interpretation des Verbandes L_q als Logikkalkül setzt aber voraus, daß die in diesem Logikkalkül auftretenden Aussagen A, B, C, ... keinen anderen als den im Kalkül selbst zum Ausdruck gebrachten Einschränkungen unterliegen. Außer den bereits genannten, technisch mathematischen Voraussetzungen, die ein Verband erfüllen muß, um als Logikkalkül interpretiert werden zu können, muß somit sichergestellt sein, daß die Aussagen des Verbandes alle in gleicher Weise verfügbar sind und ohne weitere Einschränkung auf das untersuchte System S bezogen werden können. Das wird aber gerade durch die Objektivierbarkeitshypothese erreicht. Indem wir voraussetzen, daß alle Eigenschaften objektivierbar sind, d.h. ohne Einschränkung auf das gleiche Objekt S bezogen werden können, stellen wir sicher, daß die entsprechenden Aussagen im Rahmen des Aussagenkalküls unbeschränkt verfügbar sind. Das hat zur Folge, daß alle mit Hilfe der logischen Konstanten $\wedge$, $\vee$, $\neg$ gebildeten Kombinationen verschiedener Aussagen selbst wieder sinnvolle Aussagen sind, von denen feststeht, wie ihre Richtigkeit bzw. Falschheit zu überprüfen ist. Erst wenn diese Voraussetzungen erfüllt sind, kann man sinnvoll den Verband L_q als einen Logikkalkül interpretieren.

Durch die Objektivierbarkeitshypothese sichert man die unbeschränkte Verfügbarkeit aller in L_q vorhandenen Aussagen und damit die Möglichkeit einer Interpretation von L_q als Logikkalkül. Widersprüche der oben im Zusammenhang mit dem Zwei-Löcher-Experiment erwähnten Art treten aber jetzt deshalb nicht auf, weil in dem Verband L_q gerade diejenigen Sätze nicht mehr allgemein gelten, die zu der Objektivierbarkeitshypothese in Widerspruch stehen. Wie die oben konstruierten Widersprüche mit der Logik explizit verschwinden, wenn man statt L_B den Verband L_q verwendet, soll weiter unten im Zusammenhang mit der Wahrscheinlichkeitstheorie gezeigt werden. Zunächst soll festgehalten werden, daß unter der Voraussetzung der Objektivierbarkeit aller möglichen quantenmechanischen Aussagen der Verband dieser Aussagen sich als ein restriktiver Logikkalkül interpretieren läßt, den wir als *Quantenlogik* bezeichnen wollen.

Die Gesamtheit aller – auch inkommensurablen – quantenmechanischen Aussagen der Form $|\varphi\rangle \subseteq M_A$ bildet hinsichtlich der Operationen $\wedge$, $\vee$ und $\neg$ einen σ-vollständigen, atomaren, orthokomplementären und quasimodularen Verband L_q. Um in bezug auf die in diesem Verband zusammengefaßten Aussagen eine Wahrscheinlichkeit (in einem verallgemeinerten Sinne) einführen zu können, definieren wir als „quantenlogische Wahrscheinlichkeit" eine reelle Funktion $p(A)$, die für alle $A \in L_q$ definiert ist und die folgenden Axiome erfüllt[4].

($W_1^{(q)}$) Für alle Elemente $A \subseteq L_q$ ist

$$0 \leq p(A) \leq 1.$$

($W_2^{(q)}$) $p(\wedge) = 0,\ p(\vee) = 1.$

($W_3^{(q)}$) Ist $\{A_i\}$ eine Folge mit $A_i \to \neg A_k$ für $i \neq k$, so ist

$$\sum_i p(A_i) = p(\bigvee_i A_i).$$

($W_4^{(q)}$) Für jede endliche Folge $\{A_i\}$ folgt aus

$$p(A_i) = 1 \text{ für alle } A_i \subseteq \{A_k\}, \text{ daß } p(\bigwedge_i A_i) = 1 \text{ ist.}$$

Durch die Axiome $W_1^{(q)}$–$W_4^{(q)}$ ist eine echte und sinnvolle Verallgemeinerung des durch W_1–W_3 gegebenen Wahrscheinlichkeitsbegriffes gegeben. Die Verallgemeinerung ist sinnvoll, weil für Boolesche Unterverbände $L_B \subseteq L_q$ die Wahrscheinlichkeiten $p(A)$ mit dem durch W_1–W_3 definierten klassischen Wahrscheinlichkeitsbegriff übereinstimmen. Für Boolesche Verbände ist nämlich $W_4^{(q)}$ eine Folge der übrigen Axiome $W_1^{(q)}$, $W_2^{(q)}$, $W_3^{(q)}$. Andererseits ist $W_1^{(q)}$–$W_4^{(q)}$ eine echte Verallgemeinerung von W_1–W_3, da nicht alle Sätze, die für $w(A)$ beweisbar sind, auch für $p(A)$ bewiesen werden können. Ein Beispiel dafür soll unten im Zusammenhang mit dem Zwei-Löcher-Experiment diskutiert werden.

Eine Funktion $p(A)$, die die Axiome $W_1^{(q)}$–$W_4^{(q)}$ befriedigt und die für kommensurable Eigenschaften mit der Funktion $w_\varphi(A)$ übereinstimmt, kann sofort angegeben werden. Es ist wiederum

$$w_\varphi(A) = \langle \varphi \mid P_A \mid \varphi \rangle$$

eine solche Funktion. Auch für inkommensurable P_A und P_B gilt nämlich, daß aus

$$\langle \varphi \mid P_A \mid \varphi \rangle = \langle \varphi \mid P_B \mid \varphi \rangle = 1$$

die Beziehung

$$\langle \varphi \mid P_{A \wedge B} \mid \varphi \rangle = 1$$

folgt, wobei $P_{A \wedge B}$ der auf $M_A \cap M_B$ projizierende Projektionsoperator ist. Damit ist auch das Axiom $W_4^{(q)}$, das gegenüber W_1–W_3 neu hinzugekommen ist, durch $w_\varphi(A)$ erfüllt. Die Funktionen $w_\varphi(A)$ stellen also eine sinnvolle Verallgemeinerung der Wahrscheinlichkeiten für den Fall dar, daß beliebige, auch nicht miteinander kommensurable Observable betrachtet werden.

Die Gesamtheit aller meßbaren Eigenschaften E_A, E_B, ..., deren zugehörige Aussagen einen Verband L_q bilden, sind bei gleichzeitiger Anwendung der klassischen Wahrscheinlichkeitstheorie nicht objektivierbar. Um die auf der Gesamtheit aller – auch inkommensurabler – Aussagen definierte Funktion $w_\varphi(A)$ als eine Wahrscheinlichkeit im Sinne einer relativen Häufigkeit interpretieren zu können, gibt es zwei

Möglichkeiten: Entweder man interpretiert $w_\varphi(A)$ gar nicht als Wahrscheinlichkeit für das Vorliegen der Eigenschaft E_A, sondern als Wahrscheinlichkeit dafür, E_A nach einer den Zustand $|\,\varphi\rangle$ verändernden Messung vorzufinden (Kopenhagener Interpretation) – oder man macht die Hypothese der gleichzeitigen Objektivierbarkeit aller Eigenschaften und kann dann $w_\varphi(A)$ als eine Wahrscheinlichkeit im Sinne einer relativen Häufigkeit für das *Vorliegen* der Eigenschaft E_A interpretieren. Diese Interpretation setzt allerdings voraus, daß man die oben konstruierten Widersprüche zur Wahrscheinlichkeitstheorie in geeigneter Weise vermeidet. Das ist im Rahmen der Quantenlogik und der quantenlogischen Wahrscheinlichkeitstheorie tatsächlich der Fall.

Die Annahme der Objektivierbarkeit aller Aussagen führt, wie oben gezeigt wurde, für diese Aussagen auf einen Logikkalkül, dessen verbandstheoretische Struktur nicht durch L_B, sondern durch den Verband L_q gegeben ist. Die auf diesem Aussagenverband definierte verallgemeinerte Wahrscheinlichkeit $p(A)$, $A \in L_q$, deren Interpretation hier zur Diskussion steht, gehorcht aber weniger und schwächeren Gesetzen als die durch W_1–W_3 bestimmte klassische Wahrscheinlichkeit $w(A)$. Insbesondere sind gerade diejenigen Wahrscheinlichkeitsgesetze, die eine objektivierende Interpretation der klassischen Wahrscheinlichkeit unmöglich machten, für $p(A)$ nicht mehr beweisbar. Dadurch wird die Möglichkeit eröffnet, die für beliebige Aussagen A definierte Funktion $p(A)$, die jedoch nur den Axiomen $W_1^{(q)}$–$W_4^{(q)}$ gehorcht, im Sinne einer relativen Häufigkeit als Wahrscheinlichkeit für das Vorliegen der Eigenschaft E_A zu interpretieren, d.h. $w_\varphi(A)$ objektivistisch zu interpretieren. Die Tatsache, daß die Widersprüche zwischen der Objektivierbarkeitshypothese und der Wahrscheinlichkeitstheorie verschwinden, wenn man an Stelle der klassischen Wahrscheinlichkeit $w(A)$ die verallgemeinerte quantenlogische Wahrscheinlichkeit $p(A)$ verwendet, soll im folgenden an dem konkreten Fall des Zwei-Löcher-Experimentes demonstriert werden.

Wenn man die Hypothese der Objektivierbarkeit beliebiger quantenmechanischer Eigenschaften macht, so muß man, um Widersprüche mit der Wahrscheinlichkeitstheorie bzw. der klassischen Aussagenlogik zu vermeiden, auf einige Sätze des klassischen Logikkalküls verzichten, was darauf hinausläuft, daß man von einem Booleschen Verband L_B (klassischer Logikkalkül) zu dem weniger speziellen orthokomplementären, quasimodularen Verband L_q (Quantenlogik) übergeht. Dem entspricht die Tatsache, daß sich der dem Verband der

Teilräume $M_A \subseteq H$ entsprechende Verband L_q beliebiger – auch inkommensurabler – Aussagen als ein Logikkalkül für diese Aussagen interpretieren läßt, wenn man die Hypothese der gleichzeitigen Objektivierbarkeit aller quantenmechanischen Eigenschaften macht.

Die auf diesem Verband L_q durch $W_1^{(q)}$–$W_4^{(q)}$ definierten Funktionen $p(A)$ mit $A \in L_q$ erfüllen dann nur einige, nicht aber alle Gesetze der klassischen Wahrscheinlichkeitstheorie. Wegen der vorausgesetzten Objektivierbarkeit läßt sich jedoch auch $p(A)$ als eine Wahrscheinlichkeit für das Vorliegen einer Eigenschaft im Sinne einer relativen Häufigkeit interpretieren. Darüber hinaus läßt sich die durch $W_1^{(q)}$ bis $W_4^{(q)}$ bestimmte restriktive Wahrscheinlichkeitstheorie widerspruchslos verbinden mit einer objektivierenden Interpretation der quantenmechanischen Gleichungen. Um das zu sehen, betrachten wir wieder den oben im Zusammenhang mit dem Zwei-Löcher-Experiment besprochenen Satz.

Während für kommensurable Aussagen A und B entsprechend der klassischen Logik

$$(L) \qquad A \leftrightarrow (A \wedge B) \vee (A \wedge \neg B)$$

gilt, ist für inkommensurable Aussagen A und B entsprechend der Quantenlogik nur noch die Implikation

$$(\tilde{L}) \qquad (A \wedge B) \vee (A \wedge \neg B) \to A$$

gültig. Die Umkehrung ist dagegen quantenlogisch nicht beweisbar. Die auf dem Verband L_q definierte Erwartungswertfunktion

$$w_\varphi(A) = \langle \varphi \mid P_A \mid \varphi \rangle$$

mit $A \in L_q$ bzw. $M_A \subseteq H$ ist eine quantenlogische Wahrscheinlichkeit in dem Sinne, daß sie die Axiome $W_1^{(q)}$–$W_4^{(q)}$ befriedigt. Aus einer Implikation $A \to C$ folgt wegen $W_3^{(q)}$

$$w_\varphi(A) + w_\varphi(\neg C) = w_\varphi(A \vee \neg C),$$

woraus wegen

$$w_\varphi(\neg C) = 1 - w_\varphi(C)$$

folgt

$$w_\varphi(A) \leq w_\varphi(C).$$

Eine Implikation hat somit auch hier, ebenso wie bei der klassischen Logik und Wahrscheinlichkeitstheorie, eine Ungleichung zwischen den entsprechenden Wahrscheinlichkeiten zur Folge. Angewandt auf die Implikation $(\widetilde{L})$ erhält man so zunächst

$$w_\varphi((A \wedge B) \vee (A \wedge \neg B)) \leq w_\varphi(A).$$

Die linke Seite dieser Ungleichung läßt sich wegen $W_3^{(q)}$ und weil immer, d.h. auch für inkommensurable A und B, $M_{A \cap B} \cap M_{A \cap \neg B} = 0$ ist, additiv zerlegen, so daß hier nur die Ungleichung

$$(\widetilde{W}) \qquad w_\varphi(A \wedge B) + w_\varphi(A \wedge \neg B) \leq w_\varphi(A)$$

folgt, im Gegensatz zu der Gleichung (W). Die Ungleichung $(\widetilde{W})$ steht aber nicht mehr in Widerspruch zu der quantenmechanischen Beziehung

$$(Q) \qquad w_\varphi(A) = w_\varphi(A, B) + w_\varphi(A, \neg B) + w_\varphi^{\text{int}}(A, B),$$

wobei wiederum

$$w_\varphi(A, B) = \langle\varphi \mid P_B P_A P_B \mid \varphi\rangle,$$
$$w_\varphi(A, \neg B) = \langle\varphi \mid P_{\neg B} P_A P_{\neg B} \mid \varphi\rangle,$$
$$w_\varphi^{\text{int}}(A, B) = \langle\varphi \mid P_B P_A P_{\neg B} + P_{\neg B} P_A P_B \mid \varphi\rangle$$

ist.

Um das zu sehen, beachten wir die für beliebige, im allgemeinen nicht vertauschbare Projektionsoperatoren P_A und P_B gültige Beziehung

$$P_{A \wedge B} = \lim_{n \to \infty} (P_A P_B)^n \leq P_B P_A P_B,$$

aus der wegen

$$w_\varphi(A \wedge B) = \langle\varphi \mid P_{A \wedge B} \mid \varphi\rangle \leq \langle\varphi \mid P_B P_A P_B \mid \varphi\rangle = w_\varphi(A, B)$$

sofort

$$w_\varphi(A \wedge B) \leq w_\varphi(A, B)$$

folgt. Benutzt man diese Ungleichung, so erhält man aus (Q)

$$(Q') \qquad w_\varphi(A) \geq w_\varphi(A \wedge B) + w_\varphi(A \wedge \neg B) + w_\varphi^{\text{int}}(A, B).$$

Verwendet man diese Beziehung (Q') zusammen mit der oben im Rahmen der klassischen Wahrscheinlichkeitstheorie hergeleiteten Gleichung (W'), so erhält man daraus

$$w_\varphi^{\text{int}}(A, B) \leq 0,$$

was im allgemeinen nicht der Fall ist bzw. für $w_\varphi^{\text{int}}(A, B) > 0$ auf einen Widerspruch führt. Verwendet man jedoch statt (W') die schwächere Beziehung $(\widetilde{W})$ der quantenlogischen Wahrscheinlichkeitstheorie, so verschwindet dieser Widerspruch. Ist nämlich $w_\varphi^{\text{int}}(A, B) > 0$

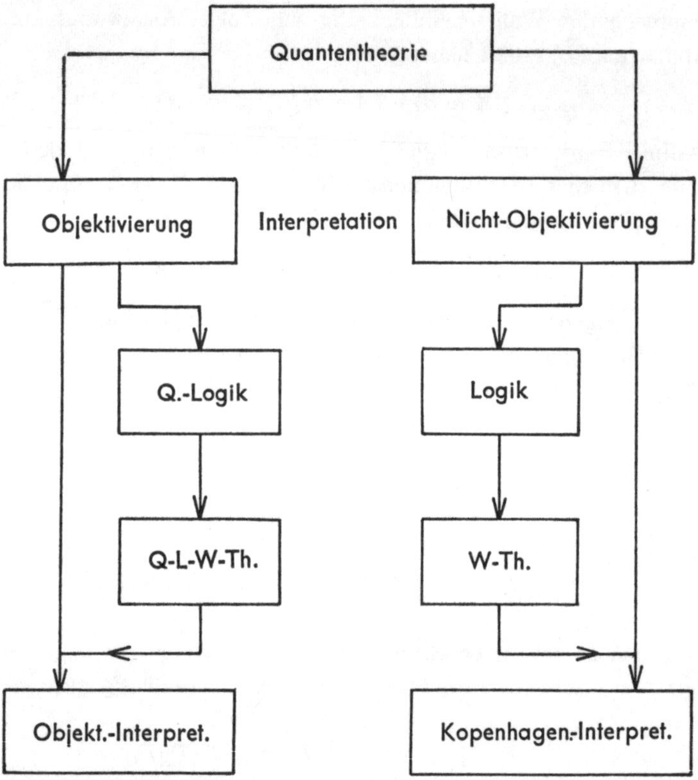

Abb. 3

– liegt also die Situation vor, in der ein Widerspruch zwischen (Q') und (W') entsteht –, so folgt aus (Q') die Ungleichung $(\widetilde{W})$. Ist dagegen $w_\varphi^{\text{int}}(A, B) \leq 0$, so folgt aus $(\widetilde{W})$ die Ungleichung (Q'). Die quantenmechanische Beziehung (Q') und die Formel $(\widetilde{W})$ der quantenlogischen Wahrscheinlichkeitstheorie sind also in jedem Falle miteinander verträglich.

Der oben konstruierte Widerspruch zwischen der Hypothese der Objektivierung und der Wahrscheinlichkeitstheorie läßt sich also dadurch beheben, daß man die Wahrscheinlichkeitstheorie selbst in Frage stellt und die Voraussetzung der Objektivierung auch konsequent auf die Grundlegung der Wahrscheinlichkeitstheorie anwendet. Die Objektivierbarkeitshypothese führt dann über die Quantenlogik auf die quantenlogische Wahrscheinlichkeitstheorie, die konsistent mit den objektivistisch interpretierten Gleichungen der Quantentheorie ist. Setzt man andererseits die Objektivierung nicht voraus, so gilt die klassische Logik und die klassische Wahrscheinlichkeitstheorie, die wiederum konsistent ist mit derjenigen Interpretation der quantenmechanischen Gleichungen, die nicht von der Objektivierung Gebrauch macht (Kopenhagener Interpretation). Diese beiden jeweils in sich widerspruchsfreien Interpretationsmöglichkeiten sind in (Abb. 3) noch einmal schematisch dargestellt.

Zusammenfassung

Die Überlegungen dieses Aufsatzes haben gezeigt, welche Konsequenzen man ziehen muß, wenn man die statistischen Ausdrücke der Quantentheorie objektivistisch interpretiert, d.h., wenn man behauptet, daß alle meßbaren Eigenschaften einem vorgegebenen System stets in dem Sinne objektiv zukommen, daß die betreffenden Eigenschaften entweder objektiv vorliegen oder nicht. Die statistischen Ausdrücke sind dann die Wahrscheinlichkeiten für das Vorliegen der betreffenden Eigenschaften an dem im Zustand $|\varphi\rangle$ befindlichen System. Es war das Ziel dieses Aufsatzes, zu zeigen, daß neben der bekannten und üblichen Kopenhagener Interpretation, die ausdrücklich auf die Objektivierung verzichtet, auch eine objektivierende Interpretation möglich ist, ohne daß man Widersprüche mit der Wahrscheinlichkeitstheorie und der Logik hervorruft.

Die seit langem in der Literatur bekannten Widersprüche zwischen der Objektivierbarkeitshypothese und der Wahrscheinlichkeitstheorie bzw. der Logik – sie wurden in den §§ 1 und 2 noch einmal in systematischer Form dargestellt – entstehen nur dann, wenn man neben der objektivistisch interpretierten Quantentheorie naiv die klassische Wahrscheinlichkeitstheorie und die klassische Logik verwendet. Die naive Anwendung dieser beiden Disziplinen – deren systematischer Zusammenhang in § 2 dargestellt wurde – ist aber deswegen nicht gerechtfertigt, weil die Objektivierbarkeitshypothese bereits einen Einfluß auf die Grundlagen der Logik und der daraus folgenden Wahrscheinlichkeitstheorie hat.

Daß die Objektivierbarkeitshypothese einen Einfluß auf die Struktur des Aussagenkalküls quantenmechanischer Aussagen hat, kann auf drei verschiedenen Wegen eingesehen werden. Das direkte, wenn auch etwas mühsame Verfahren besteht darin, die Objektivierbarkeitshypothese auf die Verfahren zur Anwendung zu bringen, die eine Begründung der Gesetze der Logik ermöglichen. Das ist für die operative Begründungsmethode an anderer Stelle explizit durchgeführt worden[2] und wurde hier deshalb nicht noch einmal wiederholt. Man wird auf diesem Wege auf eine restriktive Aussagenlogik geführt, eben die Quantenlogik, deren verbandstheoretische Struktur durch L_q gegeben ist. Ein indirektes, aber sehr einfaches Verfahren, den Einfluß der Objektivierbarkeitshypothese auf die Logik zu untersuchen, besteht darin, aus den Widersprüchen mit der Wahrscheinlichkeitstheorie entsprechende Widersprüche zur Aussagenlogik zu konstruieren bzw. denjenigen Teil der Aussagenlogik herauszupräparieren, der nicht in Widerspruch zur Annahme der Objektivierbarkeit steht. Dieser zweite Weg wurde in § 1 und § 2 eingeschlagen und führte auf die gleiche restriktive Quantenlogik bzw. den Verband L_q. Eine dritte mehr mathematische Methode – sie wurde in § 3 gewählt – besteht darin, zu fragen ,unter welchen Voraussetzungen sich der Verband L_q der allgemein inkommensurablen quantenmechanischen Aussagen als Logikkalkül interpretieren läßt. Falls man im Sinne der Kopenhagener Deutung der Quantentheorie nicht objektiviert, kann L_q nicht sinnvoll als Logikkalkül gedeutet werden. Macht man jedoch die Voraussetzung der Objektivierbarkeit, so läßt sich L_q als der zu den quantenmechanischen Aussagen gehörende Logikkalkül interpretieren.

Diese Ergebnisse sind von großer Bedeutung. Dadurch, daß man die Objektivierbarkeitshypothese bereits bei der Begründung der Aussagenlogik berücksichtigt und entsprechend statt der klassischen Logik nur die restriktive Quantenlogik verwendet, verschwinden zunächst die bekannten Widersprüche mit der Logik. Es verschwinden aber auch die Widersprüche zwischen der objektivistisch interpretierten Quantentheorie und der Wahrscheinlichkeitsrechnung, wenn man in konsequenter Fortsetzung der Überlegungen zur Logik den Begriff der Wahrscheinlichkeit nicht mehr durch einen der klassischen Logik entsprechenden Booleschen Verband L_B definiert, sondern durch den der Quantenlogik entsprechenden orthokomplementären, quasimodularen Verband L_q. Das ist in § 3 im einzelnen gezeigt worden. Die Schlußfolgerung aus diesen Erkenntnissen ist, daß man die quantentheoretischen Formeln widerspruchslos objektivierend interpretieren kann, wenn man konsequenterweise die Objektivierbarkeitshypothese auch bereits bei der Begründung der Aussagenlogik und der Wahrscheinlichkeitstheorie berücksichtigt und demgemäß die objektivistisch interpretierte Quantentheorie mit der Quantenlogik und der quantenlogischen Wahrscheinlichkeitstheorie konfrontiert.

NAMENVERZEICHNIS

Huang, K.
Statistische Mechanik
Band 2: 214 S. (Bd. 69)

Huang, K.
Statistische Mechanik
Band 3: 162 S. (Bd. 70)

Hund, F.
Geschichte der physikalischen Begriffe
Etwa 400 S. (Bd. 543)

Hund, F.
Geschichte der Quantentheorie
239 S. mit Abb. (Bd. 200)

Hund, F.
Grundbegriffe der Physik
234 S. mit Abb. (Bd. 449)

Libby, W. F./Johnson, F.
Altersbestimmung mit der C^{14}-Methode
205 S. mit Abb. (Bd. 403)

Lipkin, H. J.
Anwendung von Lieschen Gruppen in der Physik
177 S. mit Abb. (Bd. 163)

Luchner, K.
Aufgaben und Lösungen zur Experimentalphysik
Band 1: 158 S. mit Abb. (Bd. 155)

Luchner, K.
Aufgaben und Lösungen zur Experimentalphysik
Band 2: 150 S. mit Abb. (Bd. 156)

Luchner, K.
Aufgaben und Lösungen zur Experimentalphysik
Band 3: Etwa 200 S. (Bd. 157)

Lüscher, E.
Experimentalphysik
Band 1: Mechanik, geometrische Optik, Wärme. 1. Teil
260 S. mit Abb. (Bd. 111)

Lüscher, E.
Experimentalphysik
Band 1: Mechanik, geometrische Optik, Wärme. 2. Teil
215 S. mit Abb. (Bd. 114)

Lüscher, E.
Experimentalphysik
Band 2: Elektromagnetische Vorgänge.
336 S. mit Abb. (Bd. 115)

Lüscher, E.
Experimentalphysik
Band 3: Grundlagen zur Atomphysik. 1. Teil
177 S. mit Abb. (Bd. 116)

Lüscher, E.
Experimentalphysik
Band 3: Grundlagen zur Atomphysik. 2. Teil
160 S. mit Abb. (Bd. 117)

Lynton, E. A.
Supraleitung
205 S. mit Abb. (Bd. 74)

Mittelstaedt, P.
Klassische Mechanik
324 S. (Bd. 500)

Mittelstaedt, P.
Philosophische Probleme der modernen Physik
215 S. mit Abb. (Bd. 50)

Mitter, H.
Quantentheorie
316 S. mit Abb. (Bd. 701)

Mollwo, E./Kaule, W.
Maser und Laser
219 S. mit Abb. (Bd. 79)

Neuert, H.
Experimentalphysik für Mediziner, Zahnmediziner, Pharmazeuten und Biologen
292 S. mit Abb. (Bd. 712)

Rollnik, H.
Teilchenphysik
Band 1: 188 S. mit Abb. (Bd. 706)

Rollnik, H.
Teilchenphysik
Band 2: Innere Symmetrien der Teilchen
158 S. mit Abb. (Bd. 759)

Rose, M. E.
Relativistische Elektronentheorie
Band 1: 193 S. mit Abb. (Bd. 422)

Rose, M. E.
Relativistische Elektronentheorie
Band 2: 172 S. mit Abb. (Bd. 554)

Seiler, H.
Abbildungen von Oberflächen mit Elektronen, Ionen und Röntgenstrahlen
131 S. mit Abb. (Bd. 428)

5/2

B·I·

Hochschultaschenbücher

Pestel, E.
Technische Mechanik
Band 2: Kinematik und Kinetik 2. Teil
227 S. mit Abb. (Bd. 207)

Pestel, E./Liebau, G.
Phänomene der pulsierenden Strömung im Blutkreislauf aus technologischer, physiologischer und klinischer Sicht
VIII, 124 S. (Bd. 738)

Piefke, G.
Feldtheorie
Band 1: 265 S. mit Abb. (Bd. 771)

Prassler, H.
Energiewandler der Starkstromtechnik
Band 1: 178 S. mit Abb. (Bd. 199)

Prassler, H./Priess, A.
Aufgabensammlung zur Starkstromtechnik
Band 1: 192 S. mit Abb. (Bd. 198)

Preßler, G.
Regelungstechnik
348 S. mit Abb. (Bd. 63)

Rößger, E./Hünermann, K.-B.
Einführung in die Luftverkehrspolitik
165, LIV S. mit Abb. (Bd. 824)

Sagirow, P.
Satellitendynamik
191 S. (Bd. 719)

Schlitt, H./Dittrich, F.
Statistische Methoden der Regelungstechnik
Etwa 170 S. (Bd. 526)

Schrader, K.-H.
Die Deformationsmethode als Grundlage einer problemorientierten Sprache
137 S. mit Abb. (Bd. 830)

Schüßler, H. W.
Netzwerke und Systeme
Band 1: Analyse elementarer, linearer Systeme der Elektrotechnik
209 S. mit Abb. (Bd. 405)

Schultz-Grunow, F.
Elektro- und Magnetohydrodynamik
308 S. mit Abb. (Bd. 811)

Schwarz, H.
Frequenzgang- und Wurzelortskurvenverfahren
Reihe: Theoretische und experimentelle Methoden der Regelungstechnik
164 S. mit Abb. (Bd. 193)

Starkermann, R.
Die harmonische Linearisierung
Reihe: Theoretische und experimentelle Methoden der Regelungstechnik
Band 1: Einführung, Schwingungen, nichtlineare Regelkreisglieder
201 S. mit Abb. (Bd. 469)

Starkermann, R.
Die harmonische Linearisierung
Reihe: Theoretische und experimentelle Methoden der Regelungstechnik
Band 2: Nichtlineare Regelsysteme
83 S. mit Abb. (Bd. 470)

Stüwe, H.-P.
Einführung in die Werkstoffkunde
192 S. mit Abb. (Bd. 467)

Wasserrab, T.
Gaselektronik
Reihe: Physikalische Grundlagen der Energie-Elektronik
Band 1: 223 S. mit Abb. (Bd. 742)

Wasserrab, T.
Gaselektronik
Reihe: Physikalische Grundlagen der Energie-Elektronik
Band 2: 230 S. (Bd. 769)

Weh, H.
Elektrische Netzwerke und Maschinen in Matrizendarstellung
309 S. mit Abb. (Bd. 108)

Wiesemann, G./Mecklenbräuker, W.
Aufgaben und Lösungen in Grundlagen der Elektrotechnik
Band 1: Etwa 170 S. (Bd. 778)

Wiesemann, G./Mecklenbräuker, W.
Aufgaben und Lösungen in Grundlagen der Elektrotechnik
Band 2: Etwa 160 S. (Bd. 779)

Wolff, I.
Grundlagen und Anwendungen der Maxwellschen Theorie
Band 1: 326 S. mit Abb. (Bd. 818)

Wolff, I.
Grundlagen und Anwendungen der Maxwellschen Theorie
Band 2: 263 S. mit Abb. (Bd. 731)

Wunderlich, W.
Ebene Kinematik
263 S. mit Abb. (Bd. 447)

5/5

B·I·

Hochschultaschenbücher